煤矿井下安全避险六大系统

主　编　解丹婷　董青青

副主编　孙向前　马　伟

参　编　李快社　袁晓安　尤阳阳

　　　　伊　春　王祖迅　高亚超

机械工业出版社

本书根据高等职业教育煤炭类相关专业人才培养方案的要求，依据煤矿井下安全避险"六大系统"的建设基本要求编写而成。本书除绪论外，分为6个项目，主要介绍煤矿井下安全避险"六大系统"中的煤矿安全监测监控系统、井下人员定位系统、紧急避险系统、压风自救系统、供水施救系统、通信联络系统的组成、设置、安装、调试、使用和维护管理等内容。

本书可作为高等职业教育煤炭类相关专业教材，也可作为中等职业院校、成人高等继续教育学校及各类煤矿安全培训机构的教材，还可供煤矿管理人员和相关工程技术人员学习参考。

为方便教学，本书植入二维码微课，配有免费电子课件、模拟试卷及答案等，凡选用本书作为授课教材的教师可登录机械工业出版社教育服务网（www.cmpedu.com），注册后免费下载电子资源，本书咨询电话：010-88379564。

图书在版编目（CIP）数据

煤矿井下安全避险六大系统 / 解丹婷，董青青主编 . —北京：机械工业出版社，2023.10（2025.1 重印）
ISBN 978-7-111-74008-7

Ⅰ . ①煤… Ⅱ . ①解… ②董… Ⅲ . ①煤矿—矿山安全—高等职业教育—教材 Ⅳ . ① TD7

中国国家版本馆 CIP 数据核字（2023）第 189614 号

机械工业出版社（北京市百万庄大街 22 号 邮政编码 100037）
策划编辑：冯睿娟　　　　　　　责任编辑：冯睿娟
责任校对：贾海霞 李小宝　　　封面设计：王 旭
责任印制：郜 敏
中煤（北京）印务有限公司印刷
2025 年 1 月第 1 版第 3 次印刷
184mm × 260mm • 11.5 印张 • 5 插页 • 275 千字
标准书号：ISBN 978-7-111-74008-7
定价：43.00 元

电话服务　　　　　　　　　　网络服务
客服电话：010-88361066　　　机 工 官 网：www.cmpbook.com
　　　　　010-88379833　　　机 工 官 博：weibo.com/cmp1952
　　　　　010-68326294　　　金 书 网：www.golden-book.com
封底无防伪标均为盗版　　　机工教育服务网：www.cmpedu.com

前　言

　　煤炭是我国主要的能源和重要的化工原料。煤炭企业在国民经济和社会安全发展中占有极其重要的地位。党的二十大报告指出：坚持安全第一、预防为主，建立大安全大应急框架，完善公共安全体系，推动公共安全治理模式向事前预防转型。推进安全生产风险专项整治，加强重点行业、重点领域安全监管。提高防灾减灾救灾和重大突发公共事件处置保障能力，加强国家区域应急力量建设。以此为指引，煤矿企业以建设完善煤矿安全避险"六大系统"为具体措施，从而防范和减少重大事故发生，以及减少事故发生后的人员伤亡，进一步推动煤炭行业安全发展。

　　本书对接煤矿安全发展需求，面向安全监测工、瓦斯检查工等岗位，培养"重煤矿生产安全，懂系统布局设置，能完成设备安装、操作与维护"的高素质技术技能型人才。内容编排上，本书以项目任务式架构为载体，将六大系统分设为六个项目，项目相对独立，可以根据教学需求增减内容，为后续的教学提供便利。本书基于矿井安全监测工、瓦斯检查工等工种的实际工作内容设置任务，实现教学内容与工作过程融合，任务评价指标衔接工种考核标准，实现教学评价与工作要求融合，充分体现"能力为本、工学结合"的教育理念。

　　本书基于"以人为本，安全发展"的中心理念，将煤矿事故案例、煤矿企业安全避险"六大系统"建设实例引用到教学案例中，采用最新国家相关标准、行业标准、岗位职责，帮助学生从熟悉矿山安全监测工、瓦斯检查工等岗位要求到对煤炭行业"以人为本，安全发展"的价值认同，再到培养守护矿山生产安全和保护国家财产的家国情怀。

　　本书积极推进三教改革，依托在线开放课程，建设配套丰富的立体化教学资源，包括电子课件、原理动画、微课视频、案例等。书中嵌入二维码，满足线上线下混合式学习及翻转课堂等教学需求。

　　本书由陕西能源职业技术学院解丹婷、董青青任主编，神木职业技术学院孙向前、陕西小保当矿业有限公司马伟任副主编，陕西能源职业技术学院李快社、袁晓安、尤阳阳，陕西小保当矿业有限公司伊春，中煤科工集团重庆研究院有限公司王祖迅，陕西延长石油巴拉素煤业有限公司高亚超参与本书的编写。

　　本书在编写过程中得到了陕西煤业化工集团有限责任公司、中煤科工集团重庆研究院有限公司等相关领导、专家以及有关技术人员的大力支持和帮助，在此一并致谢。

　　由于编者水平有限，书中难免有不妥之处，恳请读者批评指正。

编　者

二维码索引

目　录

绪论

煤矿井下安全避险六大系统（简称"六大系统"）是预防事故以及事故发生时进行自救互救、紧急避险，从而达到及时有效避免或减少伤亡的重要技术保障。具体包括监测监控系统、井下人员定位系统、紧急避险系统、压风自救系统、供水施救系统和通信联络系统。

（1）监测监控系统 具有模拟量、开关量和累计量采集、传输、存储、处理、显示、打印、声光报警、控制等功能，用于监测甲烷浓度、一氧化碳浓度、风速、风压、温度、烟雾、馈电状态、风门状态、风筒状态、局部通风机开停、主通风机开停，并实现甲烷超限声光报警、断电和甲烷风电闭锁控制。为煤矿安全管理和避险救援提供决策、调度和指挥依据。

（2）井下人员定位系统 监测井下人员位置，具有携卡人员出入时刻、重点区域出入时刻、限制区域出入时刻、工作时间、井下和重点区域人员数量、井下人员活动路线等监测、显示、打印、储存、查询、报警、管理等功能。实现对入井人员的安全管理和及时有效避险。

（3）紧急避险系统 实现煤矿井下灾害突发紧急情况下的安全避险，为井下作业人员提供应急的生存空间。

（4）压风自救系统 确保在井下发生灾变时，现场作业人员有充分的氧气供应，防止发生窒息事故。

（5）供水施救系统 在灾害发生后为井下作业人员提供清洁水源或必要的营养液。

（6）通信联络系统 实现井上、井下和各个作业地点通信联络，为防灾、抗灾和快速抢险救灾提供准确的信息。

六大系统不仅平时在保障安全生产上发挥着重要作用，同时在井下发生险情时，构成煤矿井下安全避险的主要系统。对维护矿井作业人员的生命安全与健康、保障煤矿安全生产，具有十分重要的意义。

一、国内外矿山安全避险简介

1. 国外矿山应急避险简介

井工开采矿井具有灾害因素集中、人员活动与逃生空间受限、多种致灾因素共存井下的特点，容易引发大的灾难。如何采取有效措施减少伤亡损失，是世界各采煤国家重点研究的课题。从国际上看，南非、加拿大、美国、澳大利亚等采矿业发达国家，均颁布了严格的法律、法规和标准，对矿山井下避难设施的设置、维护和人员培训等做了明确的规定，形成了井下固定避难室、移动救生舱、应急逃生和个人防护等成熟的实用技术及装备。在井工矿山中设置和使用应急避难设施，已经是煤矿应急救援中的一项成熟有效的技术。2003 年和 2004 年，南非的两个特大金矿发生停电和火灾事故，当时一个矿井下有 3400 多人，有 280 人是救援队在井下的各个安全避难所里救出的；另一个矿在 2600 人返回后，发现有 52 人失踪，2 天后在井下的避难所里找到的失踪矿工全部安然无恙。智利圣何塞铜矿 2010 年 8 月 5 日发生塌方事故后，被困地下 701m 的 33 名矿工在救援人员打通"生命通道"前，依靠着桃子和金枪鱼罐头，在不足 50m² 的紧急避难室里生存了下来，经过 69 天的救援，于 10 月 13 日成功获救。

国外矿工避难所的类型根据矿井的特点自主选择，以满足矿工避险需要为原则。目前，南非煤矿主要以避难硐室为主，较少使用可移动式救生舱。美国煤矿以可移动式救生舱为主。加拿大煤矿井下避难硐室与可移动式救生舱配备比例约为 1∶5，使用的可移动式救生舱以硬体为主。澳大利亚则使用"空气呼吸器＋加气站"的避险设施，灾害事故发生后，遇险人员佩戴随身携带的自救器，迅速跑到空气呼吸器存放点换戴后逃生；对维持时间不足的空气呼救器，通过快速加气站加气，或者换戴后逃生。

2. 国内煤矿井下安全避险系统简介

自 2013 年以后，我国所有井工开采的煤矿，都已建立完善的煤矿井下安全避险六大系统，并在安全避险和施工救援中发挥了重要作用。2010 年华晋焦煤公司王家岭矿"3·28"特别重大透水事故中，115 名矿工在被困 8 天 8 夜后成功获救的经验，充分说明了建设完善六大系统的重要性；2007 年河南省三门峡市支建煤矿"7·29"洪水淹井事故，69 名被困矿工全部获救生还，井下通信联络系统、供水系统和压风系统为被困人员生命安全提供了强有力的支持。

二、六大系统的岗位责任与全员培训

1. 六大系统的岗位责任

为进一步规范矿井监测监控、人员定位、紧急避险、压风自救、供水施救、通信联络六大系统的安装、使用、维护和管理，保证各系统安装规范、保护有效、稳定可靠运行，提升矿井安全防护水平，煤矿要成立安全避险六大系统管理制度领导组织机构。《×××矿安全避险六大系统岗位责任》如下：

1）矿长是全矿安全避险系统岗位责任制度的第一责任人，总体负责全矿安全避险系统岗位责任制度的落实，负责全矿安全避险六大系统资金的筹备等总体工作。

2）总工程师具体负责全矿安全避险六大系统管理制度和岗位责任制度的编制、会审、执行，各种演习和演练方案的修订。

3）各分管矿领导对分管专业的安全避险六大系统岗位责任制度的贯彻、学习、执行工作全面负责。

4）各职能部室、区队按照安全避险六大系统的具体职责分工，进行专业化管理，具体负责各部门岗位责任制度的落实。

5）安全避险六大系统维护工必须坚持"安全第一"的原则，按章操作，确保安全。

6）安全避险六大系统维护工必须熟悉《煤矿安全规程》等相关系统的有关规定及本

工种操作规程。

7）负责各系统的日常维护和故障排查工作。

8）负责各系统的质量标准化工作。

9）必须熟悉所用的各类监控系统、人员定位系统、紧急避险系统、压风自救系统、供水施救系统、通信联络系统的结构、性能、工作原理及使用方法。

10）每15天对井下的风电闭锁装置、甲烷超限断电闭锁装置进行一次试验，发现不起作用的要及时处理，并做好记录。

11）每15天对正在使用的甲烷、一氧化碳传感器进行一次标校，并做好调校记录。

12）每月对正在使用的温度、风速传感器进行一次标校，并做好调校记录。

13）每周对安全监控系统、人员定位系统、工业电视系统巡检一次，并做好检修和记录。

14）遵守各项规章制度，加强职业道德修养，尽职尽责，干好本职工作。

15）每天应对紧急避险设施进行一次巡检，设置巡检牌板，做好巡检记录。

16）每月对配备的高压气瓶进行一次余量检查及系统调试，当气瓶内压力低于额定压力的95%时，应及时更换。每三年对高压气瓶进行一次强制性检测，每年对压力表进行一次强制性检验。

17）每10天应对设备电源进行一次检查和测试。

18）每年对紧急避险设施进行一次系统性的功能测试，包括气密性、电源、供氧和有害气体处理等。

2.六大系统全员培训

矿井安全避险六大系统的建设是为了保证矿工的生命安全，这就需要每位入井人员都要知道井下设有哪些安全避险设施，在什么情况下选择哪种安全避险设施，每种安全避险设施怎么使用等。煤矿必须进行严格的全员避险系统培训，培训合格后，方可入井。

1）普及安全避险六大系统基本知识，印发有关培训资料。通过专题讲座、座谈交流、专业培训等，使得每个员工都熟悉安全避险六大系统基本知识，并在此基础上进行考试。

2）在避难硐室和过渡站内进行操作培训，使得每个员工都知道如何进入避难硐室和过渡站，进入后如何操作，如何配合地面施救，如何利用过渡站进行自救。

3）在井下进行压风自救装置、供水施救装置操作培训，使每个员工都知道如何进行自救。

4）每年进行一次演练，使得每个员工都熟悉并能使用紧急避险设施。

项目一

煤矿安全监测监控系统的建设

事故案例

事故概况： 2007年12月5日23时07分左右，某矿井下发生一起特别重大瓦斯爆炸事故。该矿当班井下有作业人员128人，事故发生后该矿盲目组织施救又下井37人，经抢救有60人脱险（其中18人受伤），105人遇难。事故前实际开采2号和9号煤层。2号煤层平均厚度为2m，采煤方法为壁式炮采。据2006年瓦斯等级鉴定，绝对瓦斯涌出量为1.81m³/min，相对瓦斯涌出量为3.91m³/t，为低瓦斯矿井；煤尘具有爆炸性，煤层自燃倾向性等级为Ⅰ级，属于容易自燃煤层。9号煤层平均厚度为2m，以掘代采，采用三轮车运输，由于该煤层为非法越层开采，因此未进行瓦斯等级、煤尘爆炸性及煤层自燃倾向性鉴定。9号煤层没有设置煤矿安全监控系统。

事故发生的主要原因： 9号煤层40m掘采面无风作业，造成瓦斯积聚，达到爆炸浓度界限；40m掘采面放炮产生火焰，引爆瓦斯，煤尘参与爆炸。该矿9号煤层没有设置煤矿安全监测监控系统，因此，不能及时发现瓦斯超限，停电撤人；不能发现无风作业，提前预警。

事故反思： 煤矿企业必须按照《煤矿安全规程》《煤矿安全监控系统及监测仪器使用管理规范》（AQ1029—2019）等规定正确安装、使用、维护与管理煤矿安全监测监控系统；认真贯彻落实"安全第一、预防为主、综合治理"的安全生产方针，以人为本，坚持安全发展。

项目描述

煤矿安全监测监控系统是煤矿井下安全避险"六大系统"中的重要系统，实现对煤矿井下环境监测、工况监测及断电控制，保障井下安全生产。

本项目以认识煤矿安全监测监控系统为目的，介绍煤矿安全监测监控系统的组成、工作原理、相关规定与要求，井下主要场所传感器的设置、安装及传感器的调校方法，井下监控分站、电源箱以及断电控制等相关知识。通过具体任务和企业实际案例，使学生认识并掌握煤矿安全监测监控系统设置的原则和方法。

初识煤矿安全监测监控系统

任务描述

本任务主要围绕煤矿安全监测监控系统的定义、作用、组成及设备之间数据通信等内容展开，理解煤矿安全监测监控系统对于煤矿安全生产的重要性，熟悉煤矿安全监测监控系统的基础知识，掌握系统的作用及设备组成，了解常用煤矿安全监测监控系统，进一步加深对系统的认识。本任务的重点是理解煤矿安全监测监控系统的作用及设备组成，难点是理解设备之间的数据通信方式。

相关知识

一、煤矿安全监测监控系统的定义及作用

煤矿安全监测监控系统是具有模拟量、开关量、累计量采集、传输、存储、处理、显示、打印、声光报警、控制等功能，用于监测甲烷浓度、一氧化碳浓度、风速、风压、温度、烟雾、馈电状态、风门状态、风筒状态、局部通风机开停、主通风机开停等，并实现甲烷超限声光报警、断电和甲烷风电闭锁控制等，由主机、传输接口、分站、传感器、断电控制器、声光报警器、电源箱、避雷器等设备组成的系统。

煤矿安全监测监控系统主要包括环境监测、设备工况监测和断电控制三方面，是集监测与控制、硬件与软件于一体的系统。

1. 环境监测

主要监测煤矿井下作业环境中各种有毒有害气体及采掘工作面的作业条件，如甲烷浓度、一氧化碳浓度、氧气浓度、风速、风压、温度、烟雾等环境参数。

2. 设备工况监测

主要监测煤矿井上、井下各主要生产环节的生产参数和主要设备的运行状态，如煤仓煤位、水仓水位、供电电压、供电电流、功率、轴温等参数；水泵、提升机、局部通风机、主要通风机、采煤机、馈电开关等的运行状态。

3. 断电控制

主要是指完成甲烷断电仪及甲烷风电闭锁装置的全部功能。

（1）甲烷断电仪 当井下甲烷浓度超限时，能自动切断被控设备电源的装置。实现监测区域内甲烷浓度显示、报警，并对受控电气装置实施闭锁、解锁控制，包括低浓度甲烷传感器和电源控制报警装置，分为车载式和机载式两种。

（2）甲烷风电闭锁装置 根据掘进工作面通风设备设施状态及工作面关联巷道内的

甲烷含量，实现对局部通风机及关联巷道内相应的电气设备闭锁和复电控制，以及不准强行启动动力设备的安全监控装置。

二、煤矿安全监测监控系统的组成

煤矿安全监测监控系统主要由地面中心站、井下分站及其电源箱、监测及执行终端和传输信道组成。图1-1所示为煤矿安全监测监控系统组成示意图。

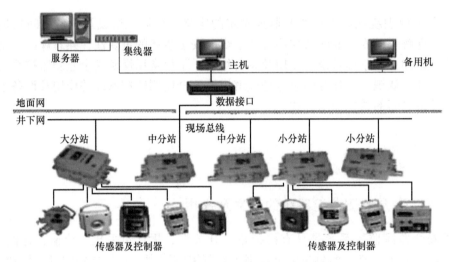

图1-1　煤矿安全监测监控系统组成示意图

1.地面中心站

地面中心站是煤矿安全监测监控系统的地面数据处理中心，用于完成系统的信息采集、处理、存储、显示和打印功能，必要时还对安全生产环节或设备设施发出控制指令和信号。

地面中心站设备主要由监控主机（含显示器）、传输接口、显示设备（投影仪、模拟盘、大屏幕）、打印机、UPS电源、监控系统软件、监控网络设备等组成。

（1）监控主机　一般选用工控微型计算机或普通台式微型计算机，双机或多机备份。监控主机主要用来接收监测信号、校正、报警判别、数据统计、数据存储、图形绘制、显示、声光报警、人机对话、输出控制、控制打印输出和管理网络连接等。

（2）传输接口　即主站或调制解调器，主要完成地面非本质安全型电气设备与井下本质安全型电气设备的隔离、控制分站的发送与接收、多路复用信号的调制与解调、系统自检等功能。

（3）显示设备　用于扩大显示面积，以便于远距离清晰观察。

（4）打印机　用于打印瓦斯监测日报表、运行故障报表等各类报表。

（5）UPS电源　由蓄电池和不间断电源组成，在电源故障或停电时，完成对地面中心站设备的持续供电。

（6）监控系统软件　具有测点定义、显示测量参数、数据报表、曲线显示、图形生成、数据存储、故障统计和报表、报告打印及联网信息传输功能。可实现本矿局域网与煤矿监控专网连接的功能，完成局域网络终端与地面中心站之间实时通信和实时数据查询。

（7）监控网络设备 监控网络主要是指本矿局域网及煤矿监控专网，主要由服务器、路由器等设备组成。服务器用于存储监控信息，以便调用和查询；路由器用于接入本矿局域网或煤矿监控专网等。

2. 井下分站及其电源箱

（1）井下分站 具有开机自检和本机初始化功能，接收来自传感器的信号并进行整理，将各种监测参数和设施、设备工作状态参数按预先约定的复用方式远距离传送给传输接口；同时接收来自传输接口的多路复用信号，执行主站的各种参数设置及控制命令，控制所关联的设备、设施，实施手控操作功能和异地断电功能。井下分站还具有对传感器输入信号和传输接口信号进行线性校正、超限判别、逻辑运算、通信测试等简单的数据处理能力，控制断电器工作。在系统电缆断开后，井下分站仍能独立工作，还可实现超限报警、断电、连续记录监测参数等功能。

（2）电源箱（分站） 具有将井下交流电网电源转换为系统所需的本质安全型直流电源，并具有维持电网停电后正常供电不少于 2h 的供电能力。为隔爆兼本质安全型设备提供远程非本安控制信号的端口。

3. 监测及执行终端

主要由各类传感器、远程断电器及声光报警器组成。

（1）传感器 传感器是煤矿安全监测监控系统的感知部分，是用来反映系统所测物理量或判断设备、设施状态的部件。它将被测物理量转换为易于传输的电信号，具有显示和声光报警功能。其主要有反映环境参数的模拟量传感器（甲烷传感器、一氧化碳传感器、二氧化碳传感器、氧气传感器、温度传感器、风速传感器、压力传感器等）和反映各种设备及设施状态的开关量传感器（设备开停传感器、风门传感器、风筒传感器、馈电传感器等）。传感器距分站的最大传输距离一般不大于 2km。

（2）远程断电器 控制供电开关或电磁起动器等的装置。用矿用电缆与分站相连，接收分站输出的控制信号，与预置的断电和复电浓度比较后，控制被控开关馈电或停电。远程断电器距分站的最大传输距离一般不大于 2km。

（3）声光报警器 能发出声光报警的装置。用矿用电缆与分站相连，接收分站输出的数据信号，在超限时能自动发出声光报警。

4. 传输信道

传输信道主要是指为数据信号传输提供通路的传输介质，如连接地面及井下设备的电缆和光纤等。

三、煤矿安全监测监控系统的数据通信系统

1. 数据通信系统的组成

数据通信系统主要由地面中心站与井下分站的通信、分站与传感器及执行机构的通信、中心站与各监控网络的通信三部分组成。

1）地面中心站与井下分站的通信。通常使用 2 芯、3 芯或 4 芯矿用信号电缆连接，

一般采用时分制或频分制多路复用。

2）分站与传感器及执行机构的通信。一般采用星形网络结构或树形网络结构单向模拟传输。

3）中心站与各监控网络的通信。中心站与各监控网络通过路由器及交换机连接，使用 TCP/IP 协议进行通信。

2. 数据通信基础

（1）信号　信号为信息的表现形式，如果携带信息参数的取值在一定区间内是连续的，则称为模拟信号；如果携带信息的参数取值在一定区间内是离散的，则称为数字信号，开关量信号即为数字信号。数字信号的变化不是连续的，只有 1 和 0（或开和闭）两种状态，输入、输出的信号表现为通电与断电。

为使传感器标准化和通用化，提高设备的互换性，我国对各种传感器的信号及其电平参数做了统一规定。

1）开关量。

① 有源输出形式：输出高电平情况下的拉出电流 $I_{出}$ =2mA 时，输出电压 $U_{出}$ ≥3V；输出低电平情况下的灌入电流 $I_{入}$ =2mA 时，输出电压 $U_{出}$ ≤0.5V。

② 无源输出形式：输出接点断开（或截止）状态时，两输出端之间的漏电阻不应小于 100Ω；输出接点闭合（或导通）且灌入电流 $I_{入}$ =2mA 时，输出电压 $U_{出}$ ≤0.5V。

不论有源输出或无源输出，短路电流和灌入电流均不得大于 20mA，为此在供给电流一侧装置中，应采取限流措施。

2）模拟量。

直流模拟量为 1 ～ 5mA 时，优先选用；直流模拟量为 4 ～ 20mA 时，限用于地面。

频率模拟量为 200 ～ 1000Hz 时，优先选用；频率模拟量正脉冲和负脉冲宽度在整个频率范围内均不得窄于 0.3s，且正、负脉冲所用的转换时间不应大于 5ms。

（2）模拟传输与数字传输　模拟传输是指利用模拟信号传递消息的通信方式，通常信源发出的是模拟信号，信道上传输的也是模拟信号，输出仍然是模拟信号；数字传输是指利用数字信号来传递消息的通信方式，信源发出的是模拟信号，经取样量化等数字化处理后经 A/D 转换器转换为数字信号，通过通信传输装置，信道上传输的是数字信号，在接收端经 D/A 转换器反变换，输出的是模拟信号。

（3）信道与干扰　信道就是信号的传输通道。电信号通过信道时，其波形会受到干扰发生畸变，或称失真。提高传输系统的抗干扰能力，应提高接收端的信噪比（信号／噪声功率比）及系统在一定的信噪比条件下对干扰的抵抗能力。

（4）传输方式　传输方式是指数据在信道上传送所采取的方式。按数据传输的流向和时间关系可分为单向、半双工和全双工数据传输；按数据代码传输的顺序可分为数字串行传输和并行传输，串行传输中又按数据传输的同步方式可分为同步传输和异步传输；按数字信号的传输形式可分为数字基带传输和数字频带传输。

1）单向、半双工及全双工传输。单向传输是指信息只进行单一方向传输的工作方式；半双工传输是指通信双方都能收发信息，但不能同时进行收发信息的工作方式；全双工传输是指通信双方能同时进行双向传输信息的工作方式。

2）数字串行与并行传输。数字串行传输是指代表信息的各位数字信号序列按时间前后顺序一个接一个地在信道中传输的方式。同步传输和异步传输是串行传输中两种最基本的通信方式。同步传输是依靠加在数据块（由许多字符组成，又称数据流）前面的同步字符，使收/发双方取得同步的传输方式；异步传输是用一个起始位表示字符的开始，用停止位表示字符结束，字符夹在起始位和停止位中间，传送字符之间用空闲位连接的传输方式。

数字并行传输是指代表信息的数字信号序列被分割成两路或多路的数字信号序列，同时并行地在信道中传输的方式。

串行传输占用信道少，数字传输速度慢，为了正确识别每一位是"0"还是"1"，接收端与发射端必须保持同步；并行传输占用信道多，传输速度快。矿井数字信息传输系统都采用串行传输方式，电缆用量少，系统费用低，传输速度能满足矿井安全生产的需要。

3）数字基带传输与数字频带传输。数字基带传输是用基本频带数字信号传输信息的传输方式，它具有发送和接收设备简单、便于系统分析和设计等优点，适合在时分制多路复用系统中采用，特别是在树状结构的时分制矿井数字传输系统中，由于所占用的传输频带处于低频段，对减少信号电磁波反射有一定的作用。数字频带传输是用数字调制信号（用数字基带信号去调制载波后所形成的信号）传输信息的传输方式。数字调制信号有数字调幅、数字调频和数字调相三种信号。在煤矿安全监测监控系统中，采用数字调频传输方式较多，其抗干扰能力比数字调幅系统强，但比数字调相系统差；而其调制和解调设备比数字调相系统简单，但比数字调幅系统复杂。

3. 数据采集系统

在煤矿安全监测监控系统中，数据采集系统是计算机主机、井下监控分站与传感器三者之间传输信息的桥梁。监控分站采集它所连接的传感器送来的模拟量和开关量信号，将它们输入到分站的CPU，CPU将模拟量与给定量进行比较，如超限，就地发出报警信号或进行设备断电控制；同时，将它所连接的传感器送来的模拟量和开关量信号转换为数字信号，由计算机主机进行显示、处理、传输与记录。

矿用传感器输出的电信号有连续变化的模拟量和阶跃变化的开关量。

模拟量的采集需要经过A/D转换器把它变成计算机能接受的二进制量，然后再输入到CPU处理。A/D转换器每次只能处理一个模拟量，输入模拟量较多时，必须设置多路转换开关，使输入的多路模拟量信号轮流经过A/D转换器得到变换。

开关量的采集是通过计算机的位测试操作来实现的，每个开关量输入对应一位数据线，通过CPU扫描位状态是否发生了变化，判断各路被测开关的合分状况或设备开停状态。当被检测的开关量多于8路时，可在输入接口电路设置多路转换开关进行扩展。

4. 数据传输

在煤矿安全监测监控系统中，为了充分利用传输线信道的资源（包括其时间与频带资源两方面）并保证传输质量，采用频分制和时分制两种多路复用方式，将信道以特定的方式进行分割，使多路信号共用一个信道传输。

频分制通信（FCM）又称载波通信，它是模拟通信的主要手段，是将传输频带分成 N

部分，每一部分均可作为一个独立的传输信道使用。这样在一对传输线路上可有 N 对话路信息传送，而每对话路所占用的只是其中的一个频段。频分复用的关键在于根据各对象所含信息的频率成分、所采用的调制方式、滤波器的性能以及传输线本身的频率资源，合理地安排各自的频道，以达到经济、合理、高质量地利用传输线频率资源的目的。

时分制通信（PCM）也称时间分割通信，是数字电话多路通信的主要方法。它是把一个传输通道进行时间分割以传送若干话路的信息，把 N 个话路设备接到一条公共的通道上，按一定的次序轮流地给各个设备分配一段使用通道的时间。当轮到某个设备时，这个设备与通道接通，执行操作。与此同时，其他设备与通道的联系均被切断。待指定的使用时间间隔一到，则通过时分多路转换开关将通道连接到下一个要连接的设备上去。时分制传输的关键在于根据各路对象信息量的多少和信息变化的快慢特点，合理地分配各路时间及采样周期的长短，并且要求收、发两端严格同步。一般来说，信息量少的对象，分配的时间可窄些；信息量大的对象，分配的时间宜宽些。信息变化缓慢的对象，采样周期可长些；信息变化快的对象，采样周期可短些。

5. 数据处理

煤矿安全监测监控系统数据处理主要是对模拟信号进行的处理，根据数字信号处理的特点，煤矿安全监测监控系统数据处理系统如图 1-2 所示。

图 1-2　煤矿安全监测监控系统数据处理系统

模拟信号首先经过预采样滤波器，然后进入采样器和 A/D 转换模块，采样器每隔 1 个采样时间读出 1 次数据，再由 A/D 转换器量化为二进制数码，即成为计算机可以接受的数字信号。监测监控系统将数字信号按需处理后，再次进行 D/A 转换后滤波输出，即可完成一次数据处理。

四、相关要求

1. 安装

1）编制采掘作业规程或安全技术措施时，必须对安全监控设备的种类、数量和位置，动力开关的安设地点，信号电缆和电源电缆的敷设，控制区域等做明确规定，并绘制布置图，报矿总工程师批准。

2）安全监控管理部门负责安全监控设备的安装、调试和维护工作。安装安全监控设备前，必须根据已批准的作业规程或安全技术措施提出安装申请单，分别送通风和机电部门。在安装断电控制系统时，使用单位或机电部门必须根据断电范围要求，提供断电条件，并接通井下电源及控制线，在连接时必须有安全监测人员在场监护。

3）安全监控设备的供电电源必须取自被控开关的电源侧，严禁接在被控开关的负荷侧，以防止甲烷超限断电切断安全监控设备的供电电源，造成安全监控设备不能正常工作。

4）与安全监控设备关联的电气设备、电源线及控制线在拆除或改线时，必须与安全监控管理部门共同处理。检修与安全监控设备关联的电气设备，需要安全监控设备停止运行时，须经矿调度室同意，并制定安全措施后方可进行。

5）模拟量传感器应设置在能正确反映被测物理量的位置。开关量传感器应设置在能正确反映被监测状态的位置。声光报警器应设置在经常有人工作、便于观察的地点。井下主站或分站，应设置在便于人员观察、调试、检验及支护良好、无滴水、无杂物的进风巷道或硐室中，安设时应垫支架，使其距巷道底板不小于300mm，或吊挂在巷道中。

6）隔爆兼本质安全型等复合型本质安全型防爆电源，应设置在采区变电所，严禁设置在断电范围内。

7）隔爆兼本质安全型防爆电源严禁设置在以下地点：低瓦斯和高瓦斯矿井的采煤工作面和回风巷内，以及掘进工作面内；煤（岩）与瓦斯突出矿井的采煤工作面、进风巷和回风巷内；采用串联通风的被串采煤工作面、进风巷和回风巷内；采用串联通风的被串掘进巷道内。

2. 调校与故障处理

1）为保证安全监控设备灵敏可靠，必须定期对安全监控设备进行调试校正，每月至少1次。在设备验收时、安装前也必须调试校正。

2）由于甲烷载体催化元件的稳定性不少于10～15天，因此，采用载体催化元件的甲烷传感器、便携式甲烷检测报警仪等，每隔15天必须使用校准气样和空气样，按产品使用说明书的要求调校一次。

3）为保证甲烷超限断电和停风断电功能准确可靠，每隔7天必须对甲烷超限断电闭锁和甲烷风电闭锁功能进行测试。

4）安全监控仪器及设备校正内容包括零点、灵敏度、报警点、断电点、复电点、指示值和控制逻辑等。

5）监测气体的安全监控仪器及设备应采用空气样和相应的标准气样或校准气样进行调试和校准。测量风速的安全监控仪器及设备选用经过标定的风速计校对。测量温度的安全监控仪器及设备选用经过标定的温度计校对。

6）安全监控设备发生故障时，必须及时处理，在故障期间必须采用人工监测等安全措施，并认真填写故障登记表。

3. 使用与维护

1）井下安全监测员必须24h值班，每班检查安全监控设备及电缆，使用便携式光学甲烷检测仪或便携式甲烷检测报警仪与甲烷传感器进行对照，并将记录和检查结果报监测值班员。当两者读数误差大于允许误差时，先以读数较大者为依据，采取安全措施，并必须在8h内对两种设备调校完毕。

2）安装在采煤机、掘进机和电机车上的机（车）载断电仪由司机负责监护，并经常检查清扫；使用便携式甲烷检测报警仪与甲烷传感器进行对照，当两者读数误差大于允许误差时，先以读数最大者为依据，采取安全措施，并立即通知安全监测员，必须在8h内对两种设备调校完毕。

3）对需要经常移动的传感器、声光报警器、断电器及电缆等安全监控设备，必须由采掘班组长负责，并按规定移动，严禁擅自停用。

4）分站、传感器、声光报警器、断电器及电缆等安全监控设备，由所在采掘区的区队长、班组长负责保管和使用，如有损坏应及时向安全监控管理部门汇报。

5）凡经大修的传感器，必须经计量检定合格后方可下井使用。

6）煤矿井下安全监测监控系统中心站必须实时监控全部采掘工作面瓦斯的浓度变化及被控设备的通、断电状态。

7）煤矿井下安全监测监控系统中心站值班员必须认真监视显示设备所显示的各种信息，详细记录系统各部分的运行状态，负责打印监测日报表，报矿长和技术负责人审阅。接到报警后，值班员必须立即通知通风调度和生产调度。

8）值班组长必须对当日获得的信息进行分析、整理，写出主要情况、问题及处理意见的书面报告（日报），送有关部门、矿长和技术负责人签阅。

 任务实施

常用煤矿安全监测监控系统认识

KJ90X型煤矿安全监控系统能在地面中心站连续自动监测矿井各种环境参数、生产情况等，并实现网上实时信息共享和发布，每天输出监测报表，对异常状况实现声光报警和超强断电控制。该系统除具有煤矿监测监控系统的通用功能外，还具有其自身的一些特点。

一、主要特点

1）系统地面中心站监控软件采用模块化面向对象设计技术，网络功能强、集成方式灵活，可适应不同应用规模需求。

2）支持Windows 2003及以上环境，操作简单、直观，容错能力强。

3）具有分站程控断电、中心站手控断电和分站之间的交叉断电功能。

4）有数据密采功能，允许多点同时密采，最小实时数据存储间隔可达1s。

5）可在异地实现系统的实时信息和文件共享，网上远程查询各种监测数据及报表，调阅显示各种实时监视画面等。

6）有多种类型的分站，可独立工作，自动报警或断电，可自动和手动初始化，具备风电瓦斯闭锁功能。

7）监控分站具有就地手动初始化功能（采用红外遥控方式进行），当分站掉电后，初始化数据不丢失；具有风电瓦斯闭锁装置功能；当井下分站与地面中心站意外失去联系时，分站可自动存储2h的数据。

8）屏幕显示生动，具有多窗口实时动态显示功能，显示画面可由用户编排，交互能力强。

9）有强大的查询及报表输出功能，可以数据、曲线、柱图方式提供班报、日报、旬报，报表格式可由用户自由编辑。

10）可同时显示6个测点的曲线，并可通过游标获取相应的数值及时间，显示曲线可进行横向或纵向放大。查询时间段可任意设定（最小一个小时，最大一个月）。同时提

供对曲线的分析、注释文字编辑框。

11）断电控制与馈电显示功能可确保可靠断电，当监测到馈电状态与系统发出的断电指令不符时，能够实现报警和记录。

12）具有完善的密码保护体系，只有授权人员才能登录，对系统关键数据进行操作维护。

二、主要用途及适用范围

KJ90X 型煤矿安全监控系统主要用于煤矿行业安全生产现场的监测监控，它是以工业控制计算机为中心的，集环境安全、生产监控、信息管理和多种子系统为一体的分布式全网络化新型煤矿综合监控系统，以其技术的先进性和实用性深受用户的欢迎，是我国目前推广应用较多、具有一定影响的煤矿监控系统之一。同时该系统在交通隧道、石油天然气及环保领域也得到了较好应用。

三、型号命名及其含义

KJ90X 型煤矿安全监控系统型号命名及含义如下所示。

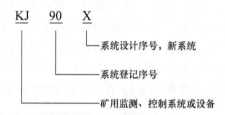

四、环境条件

1）系统中用于机房、调度室的设备，应能在下列条件下正常工作：

① 环境温度：15 ～ 30℃。

② 相对湿度：40% ～ 70%。

③ 温度变化率：小于 10℃ /h，且不得结露。

④ 大气压力：80 ～ 106kPa。

⑤ GB/T 2887 规定的尘埃、照明、噪声、电磁场干扰和接地条件。

2）除有关标准另有规定外，系统中用于煤矿井下的设备应在下列条件下正常工作：

① 环境温度：0 ～ 40℃。

② 平均相对湿度：不大于 95%（25℃）。

③ 大气压力：80 ～ 106kPa。

④ 有爆炸性气体混合物，但无显著振动和冲击、无破坏绝缘的腐蚀性气体。

五、供电电源

1.地面设备交流电源

1）额定电压：380V/220V，允许偏差 ±10%。

2）谐波：不大于 5%。

3）频率：50Hz，允许偏差 ±5%。

2. 井下设备交流电源

1）额定电压：127V/220V/380V/660V/1140V，允许偏差如下

专用于井底车场、主运输巷：–20% ～ 10%。

其他井下产品：–25% ～ 10%。

2）谐波：10%。

3）频率：50Hz，允许偏差 ±5%。

六、工作原理

KJ90X 型煤矿安全监控系统组成框图如图 1-3 所示，主要由监控主机、备用机、地面 / 矿用网络交换机、分站、区域控制器、各类传感器（包括红外甲烷传感器、激光甲烷传感器、粉尘传感器、无线甲烷传感器等）、执行器（含断电器、声光报警器）、电源箱、电缆、接线盒、电源避雷器和其他必要设备（如打印机）等组成。整个系统由地面监控中心站集中、连续地对地面和井下各种环境参数、工矿参数以及监测子系统的信息进行实时采集、分析处理、动态显示、统计存贮、超限报警、断电控制和统计报表查询打印、网上共享等；井下监控分站及电源完成对各种传感器的集中供电，并对采集到的传感器信息进行分析预处理，超限可发出声光报警和断电控制信号，同时与地面进行数据通信。

KJ90X 型煤矿安全监控系统主干网采用工业以太网环网结构，网络协议支持 TCP/IP、RS485 等。监控软件运行平台全面支持 Windows 2003 及以上操作系统。

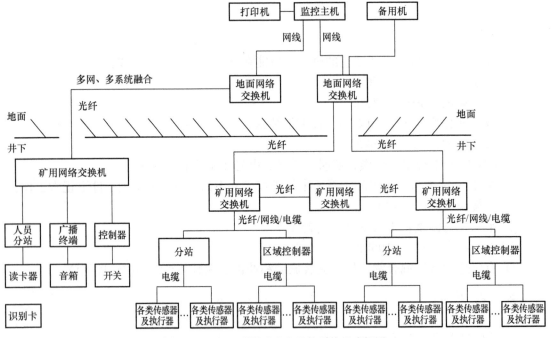

图 1-3　KJ90X 型煤矿安全监控系统组成框图

1）系统主干网为环网结构，传输方式采用工业以太网。

2）分站至主干网为总线结构，传输方式可采用工业以太网和RS485。

3）分站至传感器为树形网络结构，传输方式采用RS485，无线传感器采用ZigBee与总线的接点设备进行传输。

七、基本功能

1. 数据采集功能

1）系统具有甲烷浓度、风速、风压、一氧化碳浓度、温度等模拟量采集、显示及报警功能。

2）系统具有馈电状态、风机开停、风筒状态、风门开关、烟雾等开关量采集、显示及报警功能。

3）系统具有瓦斯抽采（放）量监测、显示功能。

2. 控制功能

1）系统由现场设备完成甲烷浓度超限声光报警和断电/复电控制功能。

① 甲烷浓度达到或超过报警浓度时，应声光报警。

② 甲烷浓度达到或超过断电浓度时，应切断被控设备的电源并闭锁；甲烷浓度低于复电浓度时，应自动解锁。

③ 与闭锁控制有关的设备（含甲烷传感器、分站、电源、断电控制器、电缆等）未投入正常运行或故障时，能切断该设备所监控区域的全部非本质安全型电气设备的电源并闭锁；当与闭锁控制有关的设备工作正常并稳定运行时，能自动解锁。

2）系统由现场设备完成甲烷风电闭锁功能。

① 与闭锁控制有关的设备（含分站、甲烷传感器、电源、断电控制器等）故障或断电时，应声光报警，并能切断该设备所监控区域的全部非本质安全型电气设备的电源并闭锁；与闭锁控制有关的设备接通电源1min内，能继续闭锁该设备所监控区域的全部非本质安全型电气设备的电源；当与闭锁控制有关的设备工作正常并稳定运行时，能自动解锁。严禁对局部通风机进行故障闭锁控制。

② 掘进工作面甲烷浓度达到或超过1.0%时，应声光报警；掘进工作面甲烷浓度达到或超过1.5%时，能切断掘进巷道内全部非本质安全型电气设备的电源并闭锁；当掘进工作面甲烷浓度低于1.0%时，能自动解锁。

③ 掘进工作面回风流中的甲烷浓度达到或超过1.0%时，应声光报警，切断掘进巷道内全部非本质安全型电气设备的电源并闭锁；当掘进工作面回风流中的甲烷浓度低于1.0%时，能自动解锁。

④ 被串掘进工作面入风流中的甲烷浓度达到或超过0.5%时，应声光报警，切断被串掘进工作面内全部非本质安全型电气设备的电源并闭锁；当被串掘进工作面入风流中的甲烷浓度低于0.5%时，能自动解锁。

⑤ 局部通风机停止运转或风筒风量低于规定值时，应声光报警，切断供风区域的全部非本质安全型电气设备的电源并闭锁；当局部通风机恢复正常工作和风筒风量达到规定值时，能自动解锁。

⑥ 局部通风机停止运转，掘进工作面或回风流中甲烷浓度大于 3.0% 时，必须对局部通风机进行闭锁并使之不能启动，只有通过密码操作软件或使用专用工具时方可人为解锁；当掘进工作面和回风流中甲烷浓度低于 1.5% 时，能自动解锁。

3）安全监控系统具有地面中心站手动遥控断电 / 复电功能，并具有操作权限管理和操作记录功能。

4）系统具有异地断电 / 复电功能。

3. 存储和查询

系统具有以地点和名称为索引的存储和查询功能，内容包括。

1）甲烷浓度、风速、负压、一氧化碳浓度等重要测点模拟量的实时监测值。

2）模拟量统计值（最大值、平均值、最小值）。

3）报警及解除报警时刻及状态。

4）断电 / 复电时刻及状态。

5）馈电异常报警时刻及状态。

6）局部通风机、风筒、主通风机、风门等状态及变化时刻。

7）瓦斯抽采（放）量等累计值。

8）设备故障 / 恢复正常工作时刻及状态等。

4. 显示功能

1）系统具有列表显示功能。

① 模拟量及相关显示内容应包括地点、名称、单位、报警浓度、断电浓度、复电浓度、监测值、最大值、最小值、平均值、断电 / 复电命令、馈电状态、超限报警、馈电异常报警和传感器工作状态等。

② 开关量显示内容包括地点、名称、开 / 停时刻、状态、工作时间、开停次数、传感器工作状态、报警及解除报警状态和时刻等。

③ 累计量显示内容包括地点、名称、单位和累计量值等。

2）系统能在同一时间坐标同时显示模拟曲线和开关状态图等。

3）系统应有模拟量实时曲线和历史曲线显示功能。在同一坐标上用不同颜色显示历史曲线的最大值、平均值和最小值等曲线。

4）系统具有开关量状态图及柱状图显示功能。

5）系统具有模拟动画显示功能。显示内容包括通风系统模拟图、相应设备开停状态、相应模拟量数值等。

6）系统具有系统设备布置图显示功能。显示内容包括传感器、分站、电源箱、断电控制器、传输接口和电缆等设备的设备名称、相对位置和运行状态等。

7）系统具有漫游、总图加局部放大、分页显示等功能。若系统庞大，一屏容纳不了，可漫游、分页或总图加局部放大。

5. 打印

系统具有报表、曲线、柱状图、模拟图、初始化参数等召唤打印功能（定时打印功能可选）。报表应包括模拟量日（班）报表、模拟量报警日（班）报表、模拟量断电日（班）报表、模拟量馈电异常日（班）报表、开关量报警及断电日（班）报表、开关量馈电异常日（班）报表、开关量状态变动日（班）报表、监控设备故障日（班）报表和模拟量统计值历史记录查询报表等。

6. 人机对话

系统具有人机对话功能，以便于系统生成、参数修改、功能调用和控制命令输入等。

7. 双机切换

系统具有自动双机切换功能。系统主、备机双机热备份，工作主机工作时，备用主机接收并存储监控信息，实时监测工作主机工作状态。当监测到工作主机异常时，备用主机自动转入工作状态，并使原工作主机转入备用状态。

8. 备用电源

系统具有备用电源。当电网停电后，系统应能对甲烷、风速、负压、一氧化碳、主通风机、局部通风机开停和风筒状态等主要监控量继续监控。

9. 数据备份

系统自动将数据备份在双机的硬盘中。系统也可采用数据库人工备份方式，备份数据文件可存放在指定目录中。

10. 报警和断电等控制功能

1）系统具有分级报警、逻辑报警等功能。
2）可根据瓦斯浓度大小、瓦斯超限持续时间、瓦斯超限范围等设置不同的报警级别，分级响应。
3）可根据巷道布置及瓦斯涌出等的内在逻辑关系实施逻辑报警。
4）甲烷传感器具有现场模拟测试系统报警和就地断电功能。
5）可根据实际工况推行区域断电。

11. 多网、多系统融合

系统具有多网、多系统融合功能，采用地面方式。

12. 自诊断、自评估功能

系统具有自诊断、自评估功能。当系统中的传感器、控制器的设置及定义错误时，系统可自动进行提示；当模拟量传感器的维护与定期标校过期时，系统能自动提示报警；当系统中传感器、控制器、电源箱等及通信网络的工作状态发生故障时，系统能自动进行提示报警；当双机热备、数据库存储、软件模块通信等软件功能发生故障时，系统能自动进行提示报警。

13. 数据应用分析

系统具有大数据的分析与应用功能，可实现伪数据标注及异常数据分析、瓦斯涌出与火灾等的预测预警，多系统融合条件下的综合数据分析等，可与煤矿安全监测监控系统检查分析工具对接数据。

14. 应急联动

系统具有应急联动功能，在瓦斯超限、断电等需立即撤人的紧急情况下，可自动与KT175 矿用广播通信系统、KJ251A 煤矿人员管理系统、KJ284（A）煤矿供电监控系统应急联动。

15. 防雷

系统具有防雷功能。在光缆铠装层、中心站电源采取防雷措施。

16. 其他功能

1）系统具有网络通信功能。

2）系统具有软件自监视功能。

3）系统具有软件容错功能。

4）系统具有实时多任务功能，能实时传输、处理、存储和显示信息，并根据要求实时控制，能周期地循环运行而不中断。

 任务考核

"初识煤矿安全监测监控系统"学习评价考核表见表1-1。

表 1-1 "初识煤矿安全监测监控系统"学习评价考核表

	考核项目	考核标准	配分	自评	互评	教师评价
知识点	熟知煤矿安全监测监控系统作用	完整说出得满分，每少说一条扣1分	15分			
	掌握煤矿安全监测监控系统硬件设备组成及功能	完整说出得满分，每少说一条扣1分	15分			
	了解煤矿安全监测监控系统的数据通信方式	完整说出得满分，每少说一条扣1分	15分			
	小计		45分			
技能点	能够查看系统说明书及相关资料，分析系统特点、硬件连接及功能等	熟练完成及分析正确得满分；不熟练完成得1～29分；不会得0分	30分			
	小计		30分			
素质点	学习态度、学习习惯、发表意见情况、相互协作情况、参与度和结果	遵守纪律、态度端正、努力学习者得满分，否则得0～4分	5分			
		思维敏捷、学习热情高涨者得满分，否则得0～4分	5分			
		积极发表意见、有创新意见、意见采用者得满分，否则得0～4分	5分			
		相互协作、团结一致者得满分，否则得0～4分	5分			
		积极参与、结果正确者得满分，否则得0～4分	5分			
	小计		25分			
合计			100分			

注：技能考核为20min，每提前1min完成奖励1分，最多奖励5分。

煤矿安全监测监控系统的设置

任务描述

本任务主要围绕煤矿安全监测监控系统的设备布局展开，熟悉煤矿安全监测监控系统各部分设置要求、设置地点及位置。本任务的重点是理解设备布置要求，难点是根据井下地质环境和巷道分布确定采煤工作面、掘进工作面及关联巷道所布置的矿用传感器的类型、位置及监控分站的设置。

相关知识

煤矿安全监测监控系统主要由地面中心站、井下分站及其电源箱、传感器及执行机构和传输线缆组成。

一、地面中心站的设置

地面中心站主机是整个监控系统的核心，负责整个系统设备及监测数据的管理、定义配置、实时数据采集、分析处理、统计存储、屏幕显示、查询打印、实时控制、远程传输、画面编辑、网络通信等任务，地面中心站设备主要由监控主机（双机热备份，1台工作，1台备用，24h不间断运行。当工作主机发生故障时，备份主机应能在60s内投入工作）、传输接口、显示设备（投影仪、模拟盘、大屏幕等）、打印机、UPS电源（不少于4h）、监控系统软件和监控网络设备等组成。地面中心站设备应有可靠的接地装置和防雷装置，联网主机应装备网络安全设备，一般设置在矿调度室内。

二、井下监控设备的设置

1. 甲烷传感器的设置

1）甲烷传感器应垂直悬挂，距顶板（顶梁、屋顶）不得大于300mm，距巷道侧壁（墙壁）不得小于200mm，并应安装维护方便，不影响行人和行车。

2）甲烷传感器的报警浓度、断电浓度、复电浓度和断电范围应符合表1-2的规定。

表 1-2 甲烷传感器的报警浓度、断电浓度、复电浓度和断电范围

甲烷传感器设置地点	甲烷传感器编号	报警浓度 /（%CH$_4$）	断电浓度 /（%CH$_4$）	复电浓度 /（%CH$_4$）	断电范围
采煤工作面上隅角	T$_0$	≥1.0	≥1.5	<1.0	工作面及其回风巷内全部非本质安全型电气设备

（续）

甲烷传感器设置地点	甲烷传感器编号	报警浓度 / (%CH$_4$)	断电浓度 / (%CH$_4$)	复电浓度 / (%CH$_4$)	断电范围
低瓦斯和高瓦斯矿井的采煤工作面	T$_1$	≥1.0	≥1.5	<1.0	工作面及其回风巷内全部非本质安全型电气设备
煤与瓦斯突出矿井的采煤工作面	T$_1$	≥1.0	≥1.5	<1.0	工作面及其进、回风巷内全部非本质安全型电气设备
采煤工作面回风巷	T$_2$	≥1.0	≥1.0	<1.0	工作面及其回风巷内全部非本质安全型电气设备
煤与瓦斯突出矿井的采煤工作面进风巷	T$_3$、T$_4$	≥0.5	≥0.5	<0.5	工作面及其进、回风巷内全部非本质安全型电气设备
采用串联通风的被串采煤工作面进风巷	T$_4$	≥0.5	≥0.5	<0.5	被串采煤工作面及其进、回风巷内全部非本质安全型电气设备
采用两条以上巷道回风的采煤工作面第二、第三条回风巷	T$_5$	≥1.0	≥1.5	<1.0	工作面及其回风巷内全部非本质安全型电气设备
	T$_6$	≥1.0	≥1.0	<1.0	
高瓦斯、煤与瓦斯突出矿井采煤工作面回风巷中部		≥1.0	≥1.0	<1.0	工作面及其回风巷内全部非本质安全型电气设备
采煤机		≥1.0	≥1.5	<1.0	采煤机及工作面刮板输送机电源
煤巷、半煤岩巷和有瓦斯涌出岩巷的掘进工作面	T$_1$	≥1.0	≥1.5	<1.0	掘进巷道内全部非本质安全型电气设备
煤巷、半煤岩巷和有瓦斯涌出岩巷的掘进工作面回风流中	T$_2$	≥1.0	≥1.0	<1.0	掘进巷道内全部非本质安全型电气设备
煤与瓦斯突出矿井的煤巷、半煤岩巷和有瓦斯涌出岩巷的掘进工作面的进风分风口处	T$_4$	≥0.5	≥0.5	<0.5	掘进巷道内全部非本质安全型电气设备
采用串联通风的被串掘进工作面局部通风机前	T$_3$	≥0.5	≥0.5	<0.5	被串掘进巷道内全部非本质安全型电气设备
		≥0.5	≥1.5	<0.5	包括局部通风机在内的被串掘进巷道内全部非本质安全型电气设备
高瓦斯矿井双巷掘进工作面混合回风流处	T$_3$	≥1.0	≥1.0	<1.0	除全风压供风的进风巷外，双巷掘进巷道内全部非本质安全电气设备
高瓦斯和煤与瓦斯突出矿井掘进巷道中部		≥1.0	≥1.0	<1.0	掘进巷道内全部非本质安全型电气设备
掘进机、连续采煤机、锚杆钻车、梭车		≥1.0	≥1.5	<1.0	掘进机、连续采煤机、锚杆钻车、梭车的电源
采区回风巷		≥1.0	≥1.0	<1.0	采区回风巷内全部非本质安全型电气设备
一翼回风巷及总回风巷		≥0.75	—	—	

（续）

甲烷传感器设置地点	甲烷传感器编号	报警浓度 / (%CH₄)	断电浓度 / (%CH₄)	复电浓度 / (%CH₄)	断电范围
使用架线电机车的主要运输巷道内装煤点处		≥0.5	≥0.5	<0.5	装煤点处上风流100m内及其下风流的架空线电源和全部非本质安全性型电气设备
高瓦斯矿井进风的主要运输巷道内使用架线电机车时，瓦斯涌出巷道的下风流处		≥0.5	≥0.5	<0.5	瓦斯涌出巷道上风流100m内及其下风流的架空线电源和全部非本质安全性型电气设备
矿用防爆特殊型蓄电池电机车内		≥0.5	≥0.5	<0.5	机车电源
矿用防爆型柴油机车、无轨胶轮车		≥0.5	≥0.5	<0.5	车辆动力
兼做回风井的、装有带式输送机的井筒处		≥0.5	≥0.7	<0.7	井筒内全部非本质安全型电气设备
采区回风巷内临时施工的电气设备上风侧		≥1.0	≥1.0	<1.0	采区回风巷内全部非本质安全型电气设备
一翼回风巷及总回风巷道内临时施工的电气设备上风侧		≥0.75	≥1.0	<1.0	一翼回风巷及总回风巷道内全部非本质安全型电气设备
井下煤仓上方、地面选煤厂煤仓上方		≥1.5	≥1.5	<1.5	煤仓附近的各类运输设备及其他非本质安全型电气设备电源
封闭的地面选煤厂车间内		≥1.5	≥1.5	<1.5	选煤厂车间内部全部非本质安全型电气设备
封闭的带式输送机地面走廊内，带式输送机滚筒上方		≥1.5	≥1.5	≥1.5	带式输送机地面走廊内全部非本质安全型电气设备
地面瓦斯抽采泵房内		≥0.5	—	—	
井下临时瓦斯抽采泵站下风侧栅栏处		≥0.5	≥1.0	<0.5	瓦斯抽放泵站电源

3）采煤工作面甲烷传感器的设置。

① 长壁采煤工作面甲烷传感器的设置如图 1-4 所示。U 形通风方式在回风隅角设置甲烷传感器 T_0（距切顶线 ≤1m），工作面设置甲烷传感器 T_1，工作面回风巷设置甲烷传感器 T_2；煤与瓦斯突出矿井在进风巷设置甲烷传感器 T_3 和 T_4；采用串联通风时，被串工作面的进风巷设置甲烷传感器 T_4，如图 1-4a 所示。Z 形、Y 形、H 形和 W 形通风方式的采煤工作面甲烷传感器的设置参照上述规定执行，如图 1-4b ～图 1-4e 所示。

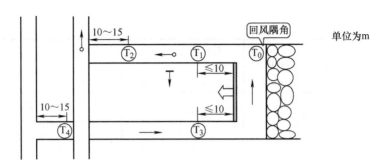

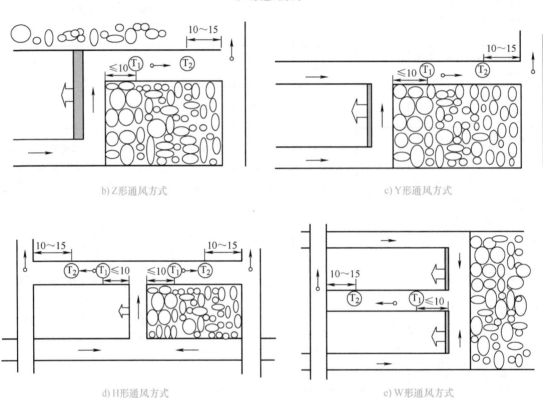

图 1-4 长壁采煤工作面甲烷传感器的设置

② 采用两条巷道回风的采煤工作面甲烷传感器的设置如图 1-5 所示。甲烷传感器 T_0、T_1 和 T_2 的设置同图 1-4a 所示；在第二条回风巷设置甲烷传感器 T_5、T_6。采用三条巷道回风的采煤工作面，第三条回风巷甲烷传感器的设置与第二条回风巷甲烷传感器 T_5、T_6 的设置相同。

③ 当高瓦斯和煤与瓦斯突出矿井采煤工作面的回风巷长度大于 1000m 时，应在回风巷中部增设甲烷传感器。

④ 采煤机应设置机载式甲烷断电仪或便携式甲烷检测报警仪。

⑤ 非长壁式采煤工作面甲烷传感器的设置参照上述规定执行，即在回风隅角设置甲烷传感器 T_0，在工作面及其回风巷各设置一个甲烷传感器。

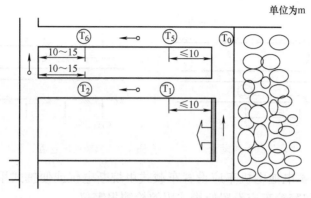

图 1-5 采用两条巷道回风的采煤工作面甲烷传感器的设置

4）掘进工作面甲烷传感器的设置。

①煤巷、半煤岩巷和有瓦斯涌出岩巷的掘进工作面甲烷传感器的设置如图 1-6 所示，并实现瓦斯风电闭锁。在工作面混合风流处设置甲烷传感器 T_1，在工作面回风流中设置甲烷传感器 T_2；采用串联通风的掘进工作面，应在被串工作面局部通风机前设置掘进工作面进风流甲烷传感器 T_3；煤与瓦斯突出矿井掘进工作面的进风分风口处设置甲烷传感器 T_4。

②高瓦斯和煤与瓦斯突出矿井的双巷掘进工作面甲烷传感器的设置如图 1-7 所示。甲烷传感器 T_1 和 T_2 的设置同图 1-6 所示；在工作面混合回风流处设置甲烷传感器 T_3。

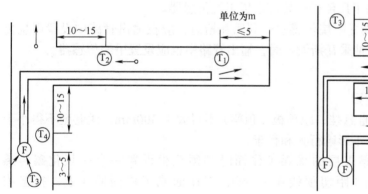

图 1-6 掘进工作面甲烷传感器的设置   图 1-7 双巷掘进工作面甲烷传感器的设置

③当高瓦斯和煤与瓦斯突出矿井的掘进工作面长度大于 1000m 时，必须在掘进巷道中部增设甲烷传感器。

④掘进机、掘锚一体机、连续采煤机、梭车、锚杆钻车、钻机应设置机载式甲烷断电仪或便携式甲烷检测报警仪。

5）其他地点甲烷传感器的设置。

①采区回风巷、一翼回风巷、总回风巷测风站应设置甲烷传感器。

②使用架线电机车的主要运输巷道内，装煤点处必须设置甲烷传感器，如图 1-8 所示。

③当高瓦斯矿井进风的主要运输巷道使用架线电机车时，在瓦斯涌出巷道的下风流中必须设置甲烷传感器，如图 1-9 所示。

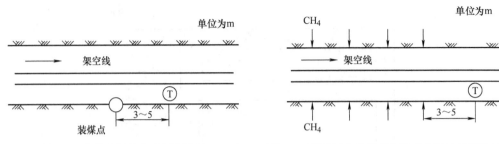

图 1-8　装煤点甲烷传感器的设置　　　图 1-9　瓦斯涌出巷道的下风流中甲烷传感器的设置

④ 矿用防爆型蓄电池电机车应设置车载式甲烷断电仪或便携式甲烷检测报警仪；矿用防爆型柴油机车和胶轮车应设置便携式甲烷检测报警仪。

⑤ 兼作回风井的装有带式输送机的井筒内必须设置甲烷传感器。

⑥ 采区回风巷、一翼回风巷及总回风巷道内临时施工的电气设备上风侧 10 ～ 15m 处应设置甲烷传感器。

⑦ 井下煤仓、地面选煤厂煤仓上方应设置甲烷传感器。

⑧ 封闭的地面选煤厂车间内上方应设置甲烷传感器。

⑨ 封闭的带式输送机地面走廊上方应设置甲烷传感器。

⑩ 瓦斯抽采泵站应设置甲烷传感器。

a. 地面瓦斯抽采泵房内应设置甲烷传感器。

b. 井下临时瓦斯抽采泵站下风侧栅栏外应设置甲烷传感器。

c. 抽采泵输入管路中应设置甲烷传感器；利用瓦斯时，应在输出管路中设置甲烷传感器；不利用瓦斯、采用干式抽采瓦斯设备时，输出管路中也应设置甲烷传感器。

2. 其他传感器的设置

（1）一氧化碳传感器的设置

1）一氧化碳传感器应垂直悬挂，距顶板（顶梁）不得大于 300mm，距巷壁不得小于 200mm，并应安装维护方便，不影响行人和行车。

2）开采容易自燃和自燃煤层的采煤工作面时必须至少设置一个一氧化碳传感器，地点可设置在回风隅角（距切顶线 0 ～ 1m）、工作面或工作面回风巷，报警浓度≥0.0024%CO，如图 1-10 所示。

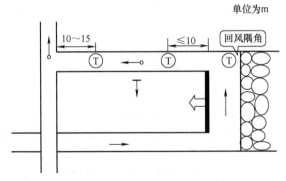

图 1-10　采煤工作面一氧化碳传感器的设置

3）带式输送机滚筒下风侧10～15m处宜设置一氧化碳传感器，报警浓度≥0.0024%CO。

4）自然发火观测点、封闭火区防火墙栅栏外宜设置一氧化碳传感器，报警浓度≥0.0024%CO。

5）开采容易自燃和自燃煤层的矿井，采区回风巷、一翼回风巷、总回风巷应设置一氧化碳传感器，报警浓度≥0.0024%CO。

（2）温度传感器的设置

1）温度传感器应垂直悬挂，距顶板（顶梁）不得大于300mm，距巷壁不得小于200mm，并应安装维护方便，不影响行人和行车。

2）开采容易自燃和自燃煤层及地温高的矿井采煤工作面应在工作面或回风巷设置温度传感器。温度传感器的报警值为30℃，如图1-11所示。

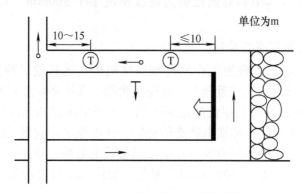

图 1-11 采煤工作面温度传感器的设置

3）机电硐室内应设置温度传感器，报警值为34℃。

4）压风机应设置温度传感器，温度超限时，声光报警，并且切断压风机电源。

（3）风速传感器的设置 采区回风巷、一翼回风巷、总回风巷的测风站应设置风速传感器。突出煤层采煤工作面回风巷和掘进巷道回风流中应设置风速传感器。风速传感器应设置在巷道前后10m内无分支风流、无拐弯、无障碍、断面无变化、能准确计算风量的地点。当风速低于或超过《煤矿安全规程》的规定值时，风速传感器应发出声、光报警信号。

（4）风压传感器的设置 主要通风机的风硐内应设置风压传感器。

（5）风向传感器的设置 突出煤层采煤工作面进风巷、掘进工作面进风的分风口应设置风向传感器。当发生风流逆转时，风向传感器发出声光报警信号。

（6）瓦斯抽放管路中其他传感器的设置 瓦斯抽放泵站的抽放泵输入管路中宜设置流量传感器、温度传感器和压力传感器；利用瓦斯时，应在输出管路中设置流量传感器、温度传感器和压力传感器。防回火安全装置上宜设置压差传感器。

（7）烟雾传感器的设置 带式输送机滚筒下风侧10～15m处应设置烟雾传感器。

（8）粉尘传感器的设置 采煤机、掘进机、转载点、破碎处、装煤口等产尘地点宜设置粉尘传感器。

（9）设备开停传感器的设置　主要通风机、局部通风机必须设置设备开停传感器。

（10）风门开关传感器的设置　矿井和采区主要进回风巷道中的主要风门必须设置风门开关传感器。当两道风门同时打开时，风门开关传感器发出声光报警信号。

（11）风筒传感器的设置　掘进工作面局部通风机的风筒末端宜设置风筒传感器。

（12）馈电传感器的设置　被控开关的负荷侧必须设置馈电传感器。

三、其他安全监控设备的设置

1. 井下分站的设置

井下分站应安装在便于工作人员观察、调度、检测、支护良好、无滴水、无杂物的进风巷道或硐室中。其距离巷道地板的高度不应小于300mm，并加垫木或支架牢固固定。

2. 断电器及声光报警器的设置

当被控设备瓦斯超限、掘进工作面局部通风机停止运转或风筒风量低于规定值时，监测监控系统必须执行远程（或近程）断电控制功能。煤矿必须按标准规定定义控制传感器的断电值，每隔15天必须对甲烷超限断电闭锁和风电闭锁功能测试1次。断电处必须设置声光报警器、断电控制器和馈电状态传感器。断电控制器应根据控制开关类型进行正确选择与接线，馈电状态传感器应安设在被控设备供电电缆上并接地。独立的声光报警器要悬挂在巷道顶板以下300～400mm处，悬挂位置应满足报警声能让需要听到的人听到的要求。

3. 线缆的选择与布置

监测监控系统设备之间必须使用专用阻燃电缆或光缆连接，严禁与调度电话电缆或动力电缆等共用。监测监控系统传输接口至分站之间最大传输距离不应小于10km；现场总线式传输接口至干线扩展器最大传输距离不应小于10km；分站或扩展器至传感器和执行器之间的传输距离不应小于2km。通信电缆或光缆入井口处应配备防雷保护装置。

任务实施

子任务1：识读煤矿安全监测监控系统图

1. 任务要求

能够识读矿井巷道分布情况及系统设备布置情况。

2. 任务资料

某矿安全监测监控系统设备布局图如图1-12（见书后插页）所示。

子任务 2：矿用传感器的布局设置

1. 任务要求

能够根据某矿井下工作面具体情况确定传感器的类型及具体设置位置。

2. 任务资料

某矿一井下长壁式采煤工作面采用 U 形通风方式，开采 42 煤层，该煤层为 I 类容易自燃煤层，煤尘具有爆炸性，工作面长度 150m，工作面回风平巷长度为 1600m，请根据需要配置相关的传感器。

 任务考核

"识读煤矿安全监测监控系统图"学习评价表见表 1-3。

表 1-3 "识读煤矿安全监测监控系统图"学习评价表

考核项目		考核标准	配分	自评	互评	教师评价
知识点	认识系统主要电气设备并了解其作用	完整说出得满分，每少说一条扣 2 分	15 分			
	了解系统布置要求	完整说出得满分，每说错一条扣 2 分	10 分			
	小计		25 分			
技能点	能确定井下巷道分布情况	熟练确定得满分；不熟练确定得 1～19 分；不会确定得 0 分	20 分			
	能确定系统设备布置情况	熟练确定得满分；不熟练确定得 1～29 分；不会确定得 0 分	30 分			
	小计		50 分			
素质点	学习态度、学习习惯、发表意见情况、相互协作情况、参与度和结果	遵守纪律、态度端正、努力学习者得满分，否则得 0～4 分	5 分			
		思维敏捷、学习热情高涨者得满分，否则得 0～4 分	5 分			
		积极发表意见、有创新意见、意见采用者得满分，否则得 0～4 分	5 分			
		相互协作、团结一致者得满分，否则得 0～4 分	5 分			
		积极参与、结果正确者得满分，否则得 0～4 分	5 分			
	小计		25 分			
合计			100 分			

注：技能考核为 20min，每提前 1min 完成奖励 1 分，最多奖励 5 分。

"矿用传感器的布局设置"学习评价表见表 1-4。

表 1-4 "矿用传感器的布局设置"学习评价表

考核项目		考核标准	配分	自评	互评	教师评价
知识点	了解矿用传感器及各类型传感器作用	完整说出得满分,每少说一条扣2分	15分			
	了解各种传感器设置要求	完整说出得满分,每说错一条扣2分	10分			
	小计		25分			
技能点	能够根据井下地质环境、巷道分布情况等布置适合的传感器进行监测,布置符合《煤矿安全监控系统及检测仪器使用管理规范》(AQ1029—2019)要求	熟练确定得满分;不熟练确定得1～19分;不会确定得0分	20分			
	能够正确确定传感器安装位置,设置位置符合《煤矿安全监控系统及检测仪器使用管理规范》(AQ1029—2019)要求	熟练确定得满分;不熟练确定得1～29分;不会确定得0分	30分			
	小计		50分			
素质点	学习态度、学习习惯、发表意见情况、相互协作情况、参与度和结果	遵守纪律、态度端正、努力学习者得满分,否则得0～4分	5分			
		思维敏捷、学习热情高涨者得满分,否则得0～4分	5分			
		积极发表意见、有创新意见、意见采用者得满分,否则得0～4分	5分			
		相互协作、团结一致者得满分,否则得0～4分;	5分			
		积极参与、结果正确者得满分,否则得0～4分	5分			
	小计		25分			
合计			100分			

注:1. 技能考核为30min,每提前1min完成奖励1分,最多奖励5分;
　　2. 安全文明规范操作,可增加奖励分5分。

任务三 传感器的安装、调试与维护

任务描述

　　传感器是煤矿安全监测监控系统的感知部分,传感器的正确安装、调试与维护保障了系统检测的精确性与可靠性。本任务主要围绕矿用传感器的结构、用途、工作原理、调试与维护展开,熟悉不同类型传感器的检测原理。本任务的重点是传感器报警值的设置与调校,难点是理解不同类型传感器的检测原理。

相关知识

在煤矿安全监测监控系统中，所需监测的物理量大多数是非电量，如甲烷浓度、风速、温度等，而这些物理量是不宜直接进行远距离传输的。为了便于传输、存储和处理，就必须对这些物理量进行变换，将它们变换成电信号，便于信号的放大、传输、存储和计算机处理。传感器作为监控系统的第一个环节，完成着信息的获取和转换功能，将监测的非电量信号转换为电信号，其性能的好坏直接影响着系统的监控精度。

一、传感器概述

1. 传感器的组成

传感器主要由敏感元件、转换元件、测量电路和辅助电源组成，如图1-13所示。在矿井监控领域又将敏感元件和转换元件统称为传感元件。

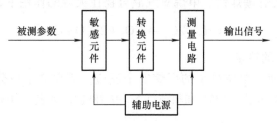

图1-13　传感器的组成框图

在进行非电量到电量的转换时，并非所有的非电量都能利用现有技术直接转换为电量，而是将被测非电量先转换为另一种便于转换为电量的非电量。敏感元件就是将被测的非电量转换成另一种便于转换电量的非电量的器件。转换元件是将敏感元件所输出的非电量转换为电量的器件。例如，矿用超声波旋涡式风速传感器，首先通过敏感元件将风速转换为与风速成正比的旋涡频率，然后再通过转换元件将与风速成正比的旋涡频率转换为电脉冲频率。有时敏感元件同时兼作转换元件，这时被测的非电量被直接转换为电量，例如热催化式甲烷传感器的传感元件。

转换元件的输出可以是电信号（电压、电流或脉冲），也可以是电阻、电容和电感等参数的变化。当转换元件输出为电信号时，测量电路就是一般的放大器，否则就需要通过电桥先将这些参数变换成电信号，然后再进行放大。测量电路除完成上述功能外，一般还应具有非线性补偿、阻抗和电平匹配等功能。随着集成电路集成度的提高、微处理芯片的应用，在智能传感器里，测量电路还具有信号的预处理等功能。

2. 传感器的分类

煤矿安全监测监控系统传感器按其输出信号，可分为模拟量传感器和开关量传感器。

模拟量传感器输出的是连续信号，用电压、电流、电阻等表示被测参数的大小。常见的模拟量传感器有甲烷传感器、一氧化碳传感器、氧气传感器、温度传感器、风速传感器和液位传感器等。

开关量传感器输出的是开关信号，可以用电压的有无、电流的有无和极性等表示被测信号。常见的开关量传感器有设备开停传感器、风门开关传感器、风筒风量传感器、馈电状态传感器和烟雾传感器等。

二、常用矿用传感器

1. 甲烷传感器

甲烷（CH_4）浓度监测是矿井安全监控的首要内容。当环境中甲烷浓度大于或等于报警浓度时，甲烷传感器发出声光报警信号；当环境中甲烷浓度大于或等于断电浓度时，甲烷传感器切断被控区域的全部非本质安全型电气设备的电源并闭锁，当甲烷浓度低于复电浓度时解锁。因此，甲烷传感器既是矿井安全监控最重要的设备，又是矿井安全监控必备的设备之一。

甲烷传感器
用途

（1）甲烷传感器工作原理　甲烷是一种可燃性气体，只有在与空气或氧化剂按一定的比例均匀混合后才具有爆炸性。甲烷氧气混合物在火源的作用下，安全反应的方程式为

$$CH_4 + 2O_2 \rightarrow CO_2 + 2H_2O + Q$$

式中　Q——反应放出的热量。

不难看出，为了使一单位分子的甲烷安全反应，需要2单位分子的氧气，由于空气中的主要含量为氧气（O_2占21%）和氮气（N_2占78%），因此，甲烷空气混合物最易引爆的甲烷浓度应为

$$\frac{10.5}{21 + 78 + 10.5 + 1} = 9.5\%$$

当然，甲烷空气混合物中甲烷的含量偏离这个比例也能发生爆炸，这个偏离是爆炸的界限，用上限和下限来表示，即5% ～ 15%。爆炸界限不是恒定不变的，它随着气体的初始压力等参数的变化而变化。在爆炸下限时，甲烷不足，氧气过剩，甲烷分子间的距离较大，甲烷与空气中的氧气反应生成的反应热被多余的氧气和惰性气体吸收，不能激活其他的甲烷分子。因此，爆炸或火焰得不到传播。在爆炸上限时，甲烷过剩，氧气不足，甲烷与空气中的氧气反应生成的热量较低，不足以引起其他的甲烷分子与氧分子反应。因此，超过爆炸上限，爆炸或火焰也不能在其中传播。

（2）甲烷传感器的分类

1）催化燃烧式甲烷传感器。催化燃烧式甲烷传感器的工作原理为：传感元件（含敏感元件）表面的甲烷（或可燃性气体），在催化剂的催化作用下，发生无焰燃烧，放出热量，使传感元件升温，进而使传感元件电阻变大，通过测量传感元件电阻变化就可测出甲烷气体的浓度。催化燃烧式甲烷传感元件有铂丝催化元件和载体催化元件两种。

催化燃烧式
甲烷传感器
的工作原理

铂丝催化元件采用高纯度（99.99%）的铂丝制成线圈，铂丝既是催化剂，又是加热器。当铂丝催化元件通电时，铂丝电阻将电能转换成热能，在铂丝的催化作用下，吸附在铂丝表面的甲烷无焰燃烧，放出热量，进而使铂丝升温，电阻变大，通过测量其电阻变化就可测得空气中甲烷浓度。铂丝催化元件结构简单、稳定性好，受硫化物中毒影响小。但铂丝催化活性低，必须在900℃以上高温才能使元件工作，这不仅耗电大，在高温的作用下还会导致元件表面蒸发，使铂丝变细，电阻增大，造成传感器零点漂移。另外，铂丝催化元件机械强度低，机械振动等会改变其几何形状，影响传感参数。因此，在矿井安全监控装置中，测量低浓的甲烷传感器主要是载体催化元件。

载体催化元件一般由一个带催化剂的敏感元件（俗称黑元件）和一个不带催化剂的补偿元件（俗称白元件）组成，如图1-14所示。白元件与黑元件的结构尺寸完全相同。但白元件表面没有催化剂，仅起环境温度补偿作用。

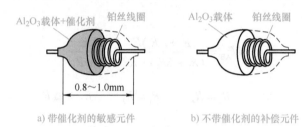

图1-14　载体催化元件结构

黑元件由铂丝线圈、Al_2O_3载体和表面的催化剂组成。其中铂丝线圈用来给元件加温，提供甲烷催化燃烧所需要的温度，同时，甲烷燃烧放出的热量使其升温，通过测量其电阻变化，就可测得空气中甲烷浓度。Al_2O_3载体用来固定铂丝线圈，增强元件的机械强度。涂在元件表面的铂（Pt）和钯（Pd）等重金属催化剂，使吸附在元件表面的甲烷无焰燃烧。其反应方程式为

$$CH_4 + 2O_2 \xrightarrow[\Delta]{Pt\,Pd} 2H_2O + CO_2 + 795.5kJ$$

甲烷无焰燃烧放出的热量，使黑元件升温，从而使铂丝线圈的电阻增大，通过电桥，就可测得由于甲烷无焰燃烧使铂丝圈电阻增大的值。当然，环境温度的变化也会使铂丝线圈的电阻发生变化。为克服环境温度变化对甲烷浓度测量的影响，在电桥中引入了与黑元件结构尺寸完全相同的白元件，如图1-15所示。由于白元件表面没有催化剂，因此甲烷不会在白元件表面燃烧，白元件铂丝线圈的电阻变化仅与环境温度有关，由于是黑元件R_1与白元件R_2处于电桥同一侧，通过的电流相等（不考虑电压测量电路的漏电流）。因此，在甲烷（可燃性气体）浓度为0的新鲜空气中，其电阻相等（不考虑由于制造过程中的结构差异），即$R_1=R_2$，这时，电桥处于平衡状态，输出电压$U_{AB}=0$。若环境温度发生变化或通过黑白元件的电流发生变化，使黑白元件电阻发生变化，但由于变化后的黑白元件电阻仍相等，不会使电桥失衡。因此，白元件具有环境温度补偿作用。

当空气中甲烷浓度不为0，吸附在黑元件表面的甲烷在黑元件表面催化燃烧，燃烧放出的热量与甲烷浓度成正比（在浓度<9.5%的低浓度情况下），在燃烧热量的作用下，黑元件温度上升，黑元件铂丝线圈电阻也随之增大ΔR_1，因此，通过测量ΔR_1的变化，就可以测得空气中的甲烷浓度（低浓情况下）。

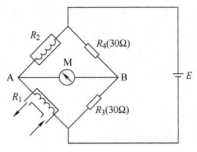

图 1-15　催化元件检测电路

在图 1-15 所示的电桥中，若用 E 表示向电桥供电的恒压源，用 U_{AB} 表示电桥输出电压，则有

$$U_{AB} = \frac{(R_1 + \Delta R_1)E}{(R_1 + \Delta R_1) + R_2} - \frac{R_3 E}{R_3 + R_4}$$

$$\because \quad R_3 = R_4 \qquad R_1 = R_2 \qquad R_1 \gg \Delta R_1$$

$$\therefore \quad U_{AB} = \frac{\Delta R_1 E}{2R_1 + \Delta R_1} + \frac{R_1 E}{2R_1 + \Delta R_1} - \frac{1}{2}E$$

$$\approx \frac{E}{2R_1}\Delta R_1 + \frac{R_1}{2R_1}E - \frac{1}{2}E$$

$$= \frac{E}{2R_1}\Delta R_1$$

不难看出，由于 E、R_1 设计为常数，可由常数 K_1 表示 $E/2R_1$。因此，电桥输出电压 U_{AB} 正比于黑元件电阻变化 ΔR_1，即

$$U_{AB} = K_1 \Delta R_1$$

若用 α 表示铂丝线圈电阻温度系数，ΔH 表示甲烷燃烧热量，h 表示黑元件热容量，D 表示甲烷扩散系数，C 表示被测环境中的甲烷浓度，Q 表示甲烷分子燃烧热量，R_0 表示铂丝线圈 0℃时的阻值，则有

$$\Delta R_1 = \alpha(\Delta H/h)R_0 = \alpha(DCQ/h)R_0$$

由于 α、h、R_0 与黑元件材料、性质、结构尺寸有关，元件出厂后为一常数，D 和 Q 为常数。因此，可用常数 K_2 表示，即

$$\Delta R_1 = K_2 C$$

所以
$$U_{AB} = K_1 K_2 C$$

不难看出，在低浓度情况下，电桥输出电压与空气中甲烷浓度成正比。

图 1-16 所示为 GJC4（A）型低浓度催化燃烧式甲烷传感器，可以连续自动地将井下甲烷浓度转换成标准电信号输送给关联设备，并具有就地显示甲烷浓度值、超限声光报警等功能。其测量范围为 0.00%CH₄ ～ 4.00%CH₄。

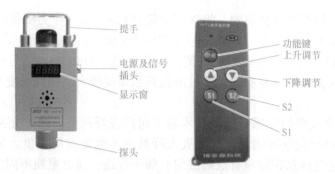

图 1-16 GJC4（A）型低浓度催化燃烧式甲烷传感器

2）激光光谱吸收式甲烷传感器。激光光谱吸收式甲烷传感器采用激光吸收光谱气体技术测量甲烷气体浓度。根据朗伯－比尔定律，每种具有极性分子结构的气体都有对应的特征吸收波长，在光程和反射系数不变的情况下，气体浓度与吸收率具有符合朗伯－比尔定律公式的对应关系。激光光谱吸收式甲烷传感器就是基于此吸收原理研制而成，其检测原理框图如图 1-17 所示。

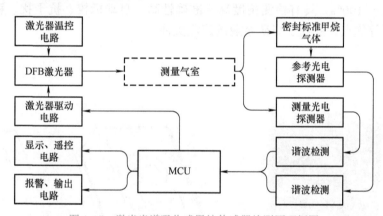

图 1-17 激光光谱吸收式甲烷传感器检测原理框图

采用 DFB 激光器作为光源，利用可调谐光源加谐波吸收的方法对甲烷气体的浓度进行检测。激光光源具有很好的单色性且可实现光谱扫描等。因此，其检测精度、选择性等方面具有更好的技术优势。

激光光谱吸收式甲烷传感器有多种检测技术，其中最主要的两种检测技术分别是差分吸收检测技术和波长调制光谱技术。

差分吸收检测技术的工作原理为将激光光源发出的光分成两路，一路光通过含有被测气体的气室，作为检测信号；另一路光通过特定气体的气室，作为参考信号。两光路采用同一型号的光电探测器，使两光路具备相似的时漂特性和温度变化特性；通过采用同一光源和同类型的光电转换器件，使两路检测信号可以相互消除光源的噪声以及光电器件自身漂移的影响。差分吸收检测技术尽管在理论上能够消除光路的自身干扰，但无法消除和抑制检测系统的固有噪声。

波长调制光谱技术能够有效地消除系统噪声和各种干扰，被广泛应用于微弱信号的检测。波长调制光谱技术的基本原理是通过调制频率为 f 的输入信号，扫描待测的特征信号，在后续的数据解调处理过程中，将该调制频率f或其倍频作为锁相检测放大器（Lock-in Amplifier）的参考输入频率，解调出与调制频率f相关的谐波分量信号。波长调制光谱技术采用的调制频率远远小于吸收线线宽，一般不超过100kHz。信号解调系统使用的锁相放大器、光电探测器更容易实现；并且波长调制幅度较大，在低浓度气体检测领域具有明显优势。

激光光谱吸收式甲烷传感器检测技术易于组成光纤网络，通过光路复用技术使多路气室共用一套光源与光电探测器，从而大大降低单个测量点的造价。另外，在近红外波段，大多数的特征气体都相应地有泛频或组合频吸收线，通过更换不同波长输出的发光光源系统就可以对准相应特征气体的吸收线，使系统可以简易地扩展到不同特征气体的浓度检测，移植性强。

图1-18、图1-19所示分别为GJJ100（A）型矿用激光光谱吸收式甲烷传感器的实物图及外形结构示意图，传感器的外形为长方体结构，主机壳体由不锈钢冲压而成，前后盖的合缝处为能防尘、防水的橡胶密封围，下部装有限制扩散式气室和参考气室。显示窗由四位七段红色数码管组成。与传统的载体催化、热导和红外甲烷检测技术相比，该技术检测量程可达$0 \sim 100\%$，具有检测精度高、准确性高、自动标校、抗干扰、稳定性好、环境适应能力强等优点，受到了煤矿企业的广泛关注。

图1-18　GJJ100（A）型矿用激光光谱吸收式甲烷传感器实物图

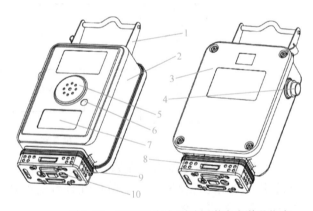

图1-19　GJJ100（A）型矿用激光光谱吸收式甲烷传感器外形结构示意图

1—提手　2—主机壳体　3—后盖　4—电源/通信口
5—蜂鸣器　6—透明窗　7—显示及遥控窗　8—保护罩
9—报警灯　10—通气嘴（左右各一个）

2. 一氧化碳（CO）传感器

一氧化碳是一种无色、无臭、无味的气体，对空气的比重是0.97，空气中一氧化碳的爆炸浓度为$13\% \sim 75\%$。矿井火灾、瓦斯和煤尘爆炸、爆破作业等都会产生大量的一氧化碳。一氧化碳是有毒气体，吸入人体后会造成人体组织和细胞缺氧，大量吸入后会中毒窒息。井下空气中一氧化碳浓度较高时，会使人中毒，同时，一氧化碳浓度又是预测和监测煤炭自燃发火、胶带输送机火灾等的主要技术指标。因此，一氧化碳监测是矿井安全监测的主要内容之一。矿用一氧化碳传感器主要是电化学式一氧化碳传感器，如图 1-20 和图 1-21 所示。

图 1-20　GTH500（B）型煤矿用一氧化碳传感器

图 1-21　GTH500G 型煤矿管道用一氧化碳传感器

电化学一氧化碳传感器工作原理如图 1-22 所示。其敏感元件由透气膜、工作电极（阳极）、对极（阴极）、参比极及电解质等组成。当一氧化碳气体经过透气膜扩散进入阳极时，在催化剂作用下与电解质溶液中水发生阳极氧化反应，同时放出电子。而在阴极上，氧气透过透气膜到达催化剂层，在催化剂作用下与电解液中的氢离子发生阴极还原反应，生成水并吸收电子。其化学反应方程式为

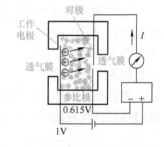
图 1-22　电化学一氧化碳传感器工作原理

阳极 $\qquad CO + H_2O \rightarrow CO_2 + 2H^+ + 2e$

阴极 $\qquad O_2 + 4H^+ + 4e \rightarrow 2H_2O$

$$2CO + O_2 = 2CO_2$$

电化学反应在阳极上给出电子，在阴极上得到电子。当内部电解质与外电路形成回路时，回路中将有电流流过。如果采用气体扩散电极，反应电流 i 与 CO 浓度 C 具有线性关系，即

$$i = \frac{nFAD}{L}C$$

式中　i——反应电流；

$\quad C$——CO 浓度；

$\quad A$——反应界面面积；

$\quad L$——扩散电极膜厚度；

$\quad D$——膜中气体扩散系数；

$\quad n$——反应中电子转移数；

$\quad F$——法拉第常数。

3.风速传感器

（1）超声波旋涡式风速传感器　超声波旋涡式风速传感器首先将风速转换成正比的旋涡频率，然后通过超声波将旋涡频率转换成超声波脉冲，再将超声波脉冲转换成电脉冲，从而测得风速。由于超声波旋涡式风速传感器具有寿命长、易维护、成本低等优点，因此在矿井监控系统中获得了广泛应用。

在流动的水中垂直于流向插入一阻挡体，在阻挡体的下游会产生两列内旋的互相交替的旋涡。可以证明：在无限界流场中，垂直流向插入一根无限长非流线型阻挡体，阻挡体的下游将产生两列内旋且互相交替的旋涡，若对流速、阻挡体截面面积和形状做适当的限制，则旋涡频率与流速成正比，即

$$f = \frac{sv}{d}$$

式中　f——旋涡频率；

s——常数，圆柱形阻挡体 s=0.21；

v——未扰动流体速度；

d——阻挡体宽度（或直径）。

超声波旋涡式风速传感器工作原理如图 1-23 所示。在风洞中设置一旋涡发生杆（即阻挡体），在其下方安装一对超声波发射器和接收器，当流动空气经过旋涡发生杆时，其下方会产生两列内旋且相互交替的旋涡。由于旋涡对超声波的阻挡作用，超声波接收器将会收到强度随旋涡频率变化的超声波，即旋涡没有阻挡超声波时，接收到的超声波强度最大，旋涡正好阻挡超声波时，接收到的超声波强度最小。超声波接收器将接收到的幅度变化的超声波转换成电信号，经过放大、解调、整形等就可获得与风速成正比的脉冲频率。

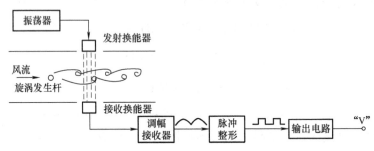

图 1-23　超声波旋涡式风速传感器工作原理

当旋涡发生杆一定时，风速越大，形成的卡曼旋涡就越强，对超声波束调制度越大。当风速很低时，不会形成旋涡。为检测较低的风速，可以增大旋涡发生杆直径或提高超声波接收器的灵敏度。

GFW15 型煤矿用超声波旋涡式风速传感器，用于煤矿井下各种主要的测风巷道及风口、主扇风机井口等处的风速检测，以确保煤矿的安全生产。GFW15 煤矿用超声波旋涡式风速传感器为本质安全型，是一种智能型的检测仪表，使用方便，能与各种煤矿安全监测监控系统配套使用，如图 1-24 所示。

风速探头选用稳定性良好的超声波元件，超声波被风速调制解调后，经波形整形电

路处理，输出与风速对应的频率信号，再送给单片机电路进行运算处理，然后输出对应的频率信号，并进行风速值的就地显示。单片机将程序存储器、数据存储器、微处理器以及输入输出接口融为一体，性能好、可靠性高。传感器的测量范围为 0.4 ~ 15m/s。

（2）差压式风速传感器　差压测量是以伯努利方程为基础，通过测量流体引起的压力来测量流速。操作时，将差压取样装置皮托管置于流体的中心位置，使气流方向垂直于皮托管的取样管口，通过皮托管的两个管口分别测得该位置的动压与静压，其差值与速度的大小存在一定的线性关系。

皮托管将风流引起的差压，通过微差压元件转换为电信号，然后由后续电路采样、数据处理和显示输出；风向的测量通过差压元件输出差压的正负判定。差压式风速传感器的控制核心是 MCU。MCU 主要负责风速、风量的 AD 采集、风向数据处理、二维风向判断、温度数据处理、温度补偿算法、信号输出处理、声光报警处理和显示输出；传感器外围电路包括供电电路、前置放大电路、声光报警电路、信号输出电路、数码管显示电路或 LED 显示电路、遥控接收电路、温度采集电路和复位电路。

GFY15（B）型矿用双向风速传感器采用差压原理，无转动部件，性能可靠，可长时间连续监测矿井总回风巷、各进风巷和回风巷等地的实时风速、风向和风量。该产品主要用于煤矿井下进、回风巷道通风风速、风量测量和风向监测，其测量范围为 0.4 ~ 15m/s。图 1-25 所示为 GFY15（B）型矿用双向风速传感器。

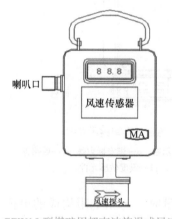

图 1-24　GFW15 型煤矿用超声波旋涡式风速传感器　　　图 1-25　GFY15（B）型矿用双向风速传感器

4. 温度传感器

矿用温度传感器用于煤矿井下巷道及瓦斯抽放管道等地点温度的监测，能就地温度数字显示，并将测量结果转换成相应的电信号输送到井下分站。温度传感器有热电偶、热电阻、热敏电阻、半导体、红外和光纤等种类。

（1）热电偶式温度传感器　热电偶式温度传感器就是将两种不同的金属材料连接在一起，形成一个闭合回路。当两种不同的金属材料的两个接点（冷端和热端）之间存在温差时，就在两者之间产生电动势，进而在回路中形成电流。

（2）热电阻式温度传感器　热电阻式温度传感器就是利用导体电阻随温度的变化而变化的特性来测量温度。

（3）热敏电阻式温度传感器　热敏电阻式温度传感器就是利用半导体电阻随温度的

变化而变化的特性来测量温度的，热敏电阻可分为正温度系数和负温度系数两种。

（4）半导体式温度传感器　半导体式温度传感器就是利用半导体 PN 结正向电压随温度变化而变化的特性来测量温度的。

（5）红外式温度传感器　温度高于绝对零度（-273℃）的任何物体均会产生红外辐射，辐射功率 P 随物体温度增大而增大。因此，可通过热敏电阻或光敏电阻测量红外辐射热功率，进而计算出物体的温度。

红外式温度传感器具有灵敏度高、反应快、测温范围广、不影响被测温度场、非接触测量等优点。

（6）光纤式温度传感器　光纤式温度传感器的工作原理较多，利用半导体材料吸收光谱特性随温度变化的原理研制出的装有晶片的光纤温度传感器是其中的一种。

图 1-26 所示为 GWP200 型矿用热电阻式温度传感器外形结构示意图，其主机壳体采用不锈钢冲压而成，前后盖合缝处设计有既防水又防尘的专用橡胶密封圈。仪器正面的显示窗采用四位红色数码管作为数字显示，温度检测范围为 0 ～ 50℃。

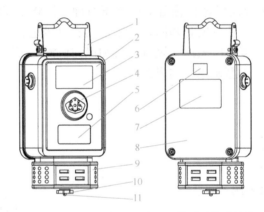

图 1-26　GWP200 型矿用热电阻式温度传感器外形结构示意图

1—提手　2—主机壳体　3—前铭牌　4—蜂鸣器　5—显示窗　6—煤安标志牌　7—后铭牌
8—后盖　9—保护罩　10—温度传感器接头　11—温度敏感元件

该传感器以贵金属铂为温度敏感元件。实际测量时，与铂电阻构成的电桥电路将检测环境或物体的温度变化量转换成相应的电压信号，此信号经 A/D 转换器转换后进入单片机，处理成与被测温度值线性一致的频率（电流或者 RS485）信号送往井下分站，同时实现本机就地温度数字显示。送达分站的温度信号经专用通信接口装置和电缆送到地面中心站，实现井下温度的连续实时监控。

5. 液位传感器

液位传感器主要用于水位或液体液位的监测。图 1-27 所示为 KGU9901 型液位传感器外形结构示意图，主要用于煤矿井下水仓、中央泵房和工业水塔水位或液体液位的监测。可在有瓦斯、煤尘爆炸危险场所使用。

KGU9901 型液位传感器主要由压阻式传感头和主机组成，主机壳体采用不锈钢冲压而成，液位探头采用全密封嵌入式扩散硅式传感器。主机机箱采用防水防爆机箱。

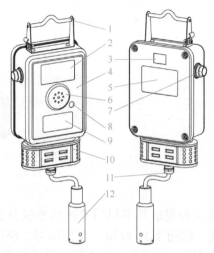

图 1-27　KGU9901 型液位传感器外形结构示意图

1—提手　2—前铭牌　3—煤安标志牌　4—主机壳体　5—后铭牌　6—蜂鸣器
7—航空插座　8—遥控接收灯　9—显示窗　10—报警灯罩　11—防水接头　12—液位探头

液位传感器把与液体深度成正比的液体静压力转换成频率信号输出，该信号与液体深度成线性对应关系，从而实现对液位的测量。

6. 设备开停传感器

设备开停传感器是一种用于监测煤矿井下机电设备（如采煤机、运输机、风扇、破碎机、提升机等）开停状态的固定式监测仪器，主要有辅助触点型和电磁感应型两种。

辅助触点型设备开停传感器是利用机电设备的接触器或继电器中没有被其他电气设备使用的辅助触点的闭合状况，来反映机电设备的开停状况，这些辅助触点可以是常开触点，也可以是常闭触点，使用辅助触点要注意本质安全型防爆电路与非本质安全型防爆电路的隔离。

电磁感应型设备开停传感器是通过测量向机电设备馈电的电缆周围有无磁场存在，来间接地监测设备的工作状态。其工作原理为：向机电设备供电的三芯电缆中的三相电流有对称和不对称之分，但无论对称与否，在电缆的外皮上，总可以找到一个与三相芯线不等距的点，该点的磁场强度以靠近该点的芯线为主导，如图 1-28 所示的 C 点。如果将电磁感应型设备开停传感器安装在 C 点，传感器中的检测线圈就可以测得微弱的磁感应信号，供电电流越大，该感应信号就越强。感应出的信号再经过放大和变换就可获得反映设备工作状况的电信号。电磁感应型设备开停传感器属于非接触测量，具有性能可靠、使用安全、安装方便、成本较低等优点，目前在煤矿中使用非常广泛。

图 1-29 所示的 GKT0.5L 型设备开停传感器为电磁感应型，工作时把检测到的设备开停信号转换成各种标准信号传输给矿井监测分站（或其他向地面传送信息的载波设备等），最终实现在地面对全矿电气设备开停状态进行集中、连续、自动地监测；监测结果也可作为统计各种机电设备运转好坏、运转时间长短及设备利用率的依据。

图 1-28　电磁感应型设备开停传感器　　　　图 1-29　GKT0.5L 型设备开停传感器

7. 风门开关传感器

风门开关传感器是一种检测煤矿井下风门开闭状态的开关量传感器。它由干簧开关组件与磁性组件两部分组成，如图 1-30 所示。在使用时，将磁性组件装在风门上，而把干簧开关组件安装在比邻的门框上。当风门关闭时，磁性组件靠近干簧开关组件，由磁性组件产生的磁场使干簧开关组件维持闭合（或断开）状态。这时，干簧开关组件输出一个闭合（或断开）接点信号。当风门打开时，磁性组件离开了干簧开关组件，使接点断开（或闭合），同时输出一个断开（或闭合）接点信号。通过开关检测电路，就可以将该接点信号转换为电信号。

风门开关传感器

a) 干簧开关组件　　　　　　　　　b) 磁性组件

图 1-30　风门开关传感器

8. 风筒风量传感器

风筒风量传感器主要用来监测风筒中的风量。当局部通风机停止运转或风筒漏风造成风量不足时，输出风量不足信号。当局部通风机正常工作，并且风筒没有漏风，风量满足要求时，输出风量足信号。风筒风量传感器是开关量传感器，输出风量足和风量不足两种状态，是甲烷风电闭锁装置和矿井监控系统的重要传感器之一。

风筒风量传感器由卡子、弹簧、接点组成，如图 1-31 所示。卡子卡在局部通风机风筒的最后一节，当局部通风机工作正常，风筒没有漏风，风筒中风量满足要求时，风筒将卡子撑开，接点闭合。当局部通风机停止工作或风筒漏风等造成风筒风量不足时，风筒无法撑开受弹簧作用的卡子，接点打开。

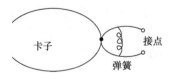

风筒风量传感器

图 1-31　风筒风量传感器结构示意图

9. 馈电状态传感器

馈电状态传感器用于监测被控开关负荷侧的馈电状态。馈电状态传感器可以采用被控开关（馈电开关或电磁起动器）辅助触点，但要注意本质安全型防爆电路与非本质安全型防爆电路的隔离。当被控开关直接控制用电设备时，若被控开关馈电，馈电电缆就有电流；若被控开关不馈电，馈电电缆无电流，因此，使用设备开停传感器即可。当馈电开关不直接控制用电设备，用电设备由下一级电磁起动器控制时，馈电状态的监测应采用测量被控开关负荷侧的电场或电压的方法，如光纤法、电容法等。图 1-32 所示为插入式检测馈电状态传感器，图 1-33 所示为非接触式馈电状态传感器。

馈电状态传感器

图 1-32　插入式检测馈电状态传感器

图 1-33　非接触式馈电状态传感器

10. 烟雾传感器

烟雾传感器用于煤矿井下有瓦斯和煤尘爆炸危险及火灾危险的场所，能够自动监测火灾初期各类燃烧物质阴燃阶段产生的不可见及可见烟雾，对火灾进行早期预报。烟雾传感器分为光电感烟型和电离感烟型等。

（1）光电感烟型烟雾传感器　光电感烟型烟雾传感器是利用光的散射原理，检测火灾阴燃初期的可见烟雾粒子，当火灾烟雾粒子浓度超限时，感光元件因接收烟雾粒子的散射光量增加而产生报警。特别适用于电气火灾的监测。

（2）电离感烟型烟雾传感器　以 KC8005A 型烟雾传感器为例进行介绍。KC8005A 型烟雾传感器是由稳压、信号检测、信号处理、比较触发、信号输出及声光报警等电路组成，其外形结构如图 1-34 所示。

图 1-34　KC8005A 型烟雾传感器外形结构

其工作原理为：当火灾场所发生的烟雾进入传感器内的检测电离室时，位于电离室中的检测源镅241放射 α 射线，使电离室内的空气电离成正负离子。当无烟雾进入时，内外电离室因极性相反，所产生的离子电流保持相对稳定，处于平衡状态；当火灾发生时，释放的气溶胶亚微粒子及可见烟雾大量进入检测电离室，吸附并中和正负离子，使电离电流急剧减少，改变电离平衡状态而输出检测电信号，经后级电路处理、识别后，发出报警信号，并向监控系统输出报警开关信号。

三、便携式检测仪表

1. 便携式甲烷检测报警仪

便携式甲烷检测报警仪用于监测煤矿井下各工作场所甲烷气体浓度，适合于煤矿管理干部、安全监察人员、通风管理人员、机电维修人员及井下流动作业人员使用。

图 1-35 所示为 AZJ-2000（A）型便携式甲烷检测报警仪（以下简称报警仪）外形结构示意图，它是一种以热催化敏感元件为探头、智能单片机及多功能外围电路为核心的智能化、数字化矿用便携式安全检测仪表。

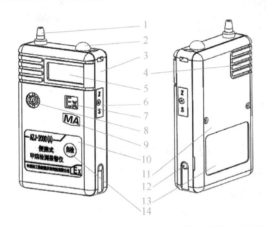

图 1-35　AZJ-2000（A）型便携式甲烷检测报警仪外形结构示意图

1—通气嘴　2—报警灯　3—主机壳体　4—通气百叶窗　5—显示窗　6—调校按钮
7—防爆标志　8—蜂鸣器　9—煤安标志　10—前面板　11—后盖　12—充电触点　13—铭牌　14—电源 / 自检 /OK 按钮

报警仪采用热催化原理检测空气中的甲烷气体浓度。工作时，空气中的甲烷气体以自然扩散的方式进入报警仪传感器气室。采样电路将检测到的甲烷浓度转换成相应的电信号，再经前置电路放大、处理后送入智能单片机进行运算、分析和判断，并根据分析、判断的结果适时启动各功能电路，通过显示窗实时显示出被测环境中的甲烷浓度。

关机状态下，长按报警仪前面板上的"电源 / 自检 /OK"按钮 3s，报警仪开机。开机后，对数码管每一划进行检查，随后进入检测界面。在煤矿井下使用过程中，当环境中甲烷浓度超过 4.00% 时，报警仪会进入甲烷超限保护状态，显示窗将保持显示在"H.HH"。此时，报警仪将定时 10s，之后重新启动催化元件的电源。若环境中甲烷浓度仍大于 4.00%，报警仪显示值仍将保持在"H.HH"；若环境中甲烷浓度不大于 4.00%，报警仪将恢复正常测量值。开机状态下，报警仪处于检测界面时长按报警仪前面板上的"电源／自检／OK"按钮3s，设备关机。

2. 多参数气体测定器

多参数气体测定器适用于煤矿井下作业环境中甲烷（CH_4）、一氧化碳（CO）、氧气（O_2）及硫化氢（H_2S）等气体浓度的测定和报警，具有气体浓度显示和声光报警的功能。

图1-36所示为CD4多参数气体测定器，对一氧化碳（CO）、氧气（O_2）及硫化氢（H_2S）气体测量采用电化学原理，对甲烷（CH_4）气体测量采用催化燃烧原理。

在关机状态下，长按绿色键开机。开机后进行报警声、报警光等的自检，完成后显示屏显示4种气体报警浓度，界面保持3s后仪器自动进入主界面，主界面包含4种气体的浓度、电池电压、时间、日期等显示内容。当某种气体浓度超过报警点时，声光振动提示的同时报警气体显示的数值变红。

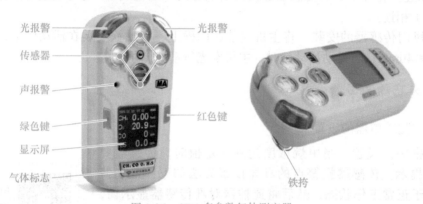

图1-36　CD4多参数气体测定器

传感器的连接、调校与维护

一、传感器的连接

1. 模拟量传感器的连接

以GJJ100（A）型矿用激光甲烷传感器为例，传感器插座序号排列图如图1-37所示，电缆插头序号排列图如图1-38所示。首先将传感器配接的电缆正确连接至分站，电缆插头线序及颜色定义如下：

红色线——电源正极（电缆插头1号口）；

蓝色线——电源和信号负极（电缆插头2号口）；

白色线——RS485总线A口或频率信号输出口（电缆插头3号口）；

绿色线——RS485总线B口（电缆插头4号口）。

图 1-37　传感器插座序号排列图

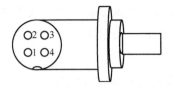

图 1-38　电缆插头序号排列图

正确连接好航空插头电缆线后，将航空插头电缆线的插头对准传感器插座（注意缺口位置），插入并旋紧，确保连接可靠，传感器立即上电工作。

2. 开关量传感器的安装

（1）一般开关量传感器的连接　开关量传感器只用 1、3 脚两根线，1 脚为 18V+，3 脚为信号线。分站航空插座的 3、4 脚表示信号 1、2，从而区分同一个插座上的 2 个通道。将井下分站传感器连接口的信号线（白色 3 或绿色线 4）与开关量传感器的信号线（白色线 3）相连。将井下分站传感器连接口的电源线（红色线 1）与开关量传感器的电源线（红色线 1）相连。

（2）风门传感器的安装　将主机安装在门框上，将磁铁安装在活动门上；磁铁距主机的距离 ≤40mm；当推动活动门时，主机发光管动作即可。

二、传感器的设置

1. 模拟量传感器的设置

（1）报警点设置　当甲烷浓度达到一定值时，传感器要发出报警提示。传感器报警点的具体设置方法如下：首先使传感器处于正常工作状态，然后将遥控器对准传感器显示窗，按下"选择"键，使显示窗内的小数码管显示"3"，再根据需要分别按动遥控器的"▲"或"▼"键，将显示窗内的数字调节为所需要的报警值。甲烷传感器报警点的允许范围为 $0.5\%CH_4 \sim 2.5\%CH_4$。

甲烷传感器
阈值设置

（2）断电点设置　当甲烷浓度达到断电值时，传感器会向分站发出断电指令。传感器断电点的具体设置方法如下：首先使传感器处于正常工作状态，然后将遥控器对准传感器显示窗，按下"选择"键，使显示窗内的小数码管显示"4"（低浓度甲烷传感器）或"6"（高低浓度甲烷传感器），再根据需要分别按动遥控器的"▲"或"▼"键，将显示窗内的数字调节为所需要的断电点。甲烷传感器断电点的等级为 $0.5\%CH_4$、$0.75\%CH_4$、$1.00\%CH_4$、$1.25\%CH_4$ 和 $1.5\%CH_4$。

（3）复电点设置　当甲烷浓度从断电浓度下降到安全浓度时，传感器会向分站发出复电指令。传感器复电点的具体设置方法如下：首先使传感器处于正常工作状态，然后将遥控器对准传感器显示窗，按下"选择"键，使显示窗内的小数码管显示"7"（高低浓度甲烷传感器），再根据需要分别按动遥控器的"▲"或"▼"键，将显示窗内的数字调节为所需要的复电点。甲烷传感器复电点的允许范围为 $0.40\%CH_4 \sim 2.40\%CH_4$，不能大于所设断电点。

（4）自检 为了方便检查传感器功能是否正常，甲烷传感器专门设置了自检功能，具体的使用方法如下：将遥控器对准传感器显示窗，按下"选择"键，使显示窗内的小数码管显示"5"（低浓度甲烷传感器）或"8"（高低浓度甲烷传感器），此时正常情况下甲烷传感器的显示值为2.00，并伴有声光报警及断电信号输出，对应的输出信号应为360Hz（或是1.80mA）。如与上述特征不符，则说明传感器损坏。

注意：一旦对传感器部分参数进行调节，断电之前，务必再次按下遥控器上的"选择"键，使显示窗内的小数码管显示的数字循环至消隐后，方可使调校后的参数存入传感器的存储器内，否则，此次调校将无效。

2. 开关量传感器的设置

以设备开停传感器为例介绍开关量传感器的设置。打开设备开停传感器后盖，通过电路板上的两位拨码开关调节传感器的感应灵敏度，如图1-39所示。拨码位置与感应灵敏度对应关系如下：

图1-39 两位拨码开关

1）灵敏度最高：拨码开关1、2分别至1、2位，适用于负载电流5～10A的设备。

2）灵敏度适中：拨码开关1至ON位、拨码开关2至2位，适用于负载电流10A～20A的设备。

3）灵敏度最低：拨码开关1至1位、拨码开关2至ON位，适用于负载电流≥20A的设备。

三、传感器的调校

传感器的调校主要有气体类传感器调校和非气体类传感器调校两种。这里以甲烷传感器调校、新甲烷传感器使用前的调校和风速传感器调校为例说明气体类传感器和非气体类传感器的调校步骤。

1. 甲烷传感器的调校

甲烷传感器在工作一段时间后，零点要发生偏移，为了保证测量的精确性，需要对传感器进行日常维护和调校。《煤矿安全规程》及《煤矿安全监控系统及检测仪表使用管理规范》（AQ1029—2019）中规定了15天调校1次，具体调校周期应根据设备情况及主管部门要求确定。可在地面、井下进行调校。

（1）配备器材 $1\%CH_4$～$2\%CH_4$校准气体、减压阀、气体流量计、橡胶软管和空气样。

（2）调校步骤

1）空气样用橡胶软管连接传感器气室；调节流量控制阀将流量控制到传感器说明书规定值。

2）调校零点，范围控制在0～$0.03\%CH_4$之间。

3）校准气瓶流量计出口用橡胶软管连接至传感器气室。

4）打开气瓶阀门，先用小流量向传感器缓慢通入$1\%CH_4$～$2\%CH_4$校准气体，在显示值缓慢上升的过程中，观察报警值和断电值。然后调节流量控制阀将流量调节到传感器说明书规定的值，使其测量值稳定显示，持续时间大于 90s，使显示值与校准气体浓度值一致。若超差应更换传感器，预热后重新测试。

5）在通气的过程中，观察报警值、断电值是否符合要求，注意声、光报警和实际断电情况。

6）当显示值小于 1.0%CH_4 时，测试复电功能。测试结束后关闭气瓶阀门。

7）填写调校记录，测试人员签字。

2. 新甲烷传感器使用前的调校

甲烷传感器
虚拟调校

（1）配备仪器及器材　载体催化式甲烷测定器检定装置、秒表、温度计、校准气样（0.5%CH_4、1.5%CH_4、2.0%CH_4、3.5%CH_4）、直流稳压电源、万用表、声级计、频率计、系统分站等。

（2）调校步骤

1）检查甲烷传感器外观是否完整，清理表面及气室积尘。

2）甲烷传感器与分站（或稳压电源、频率计）连接，通电预热 10min。

3）在新鲜空气中调校仪器零点，零值范围控制在 0 ～ 0.03%CH_4 之间。

4）按说明书要求的气体流量，向气室通入 2.0%CH_4 校准气体，调校甲烷传感器精度，使其显示值与校准气体浓度值一致，反复调校，直至准确。在基本误差测定过程中不得再次调校。

5）基本误差测定。按校准时的流量依次向气室通入 0.5%CH_4、1.5%CH_4、3.5%CH_4 校准气体，持续时间分别大于 90s，使测量值稳定显示，记录传感器的显示值或输出信号值（换算为甲烷浓度）。重复测定 4 次，取其后 3 次的算术平均值，与标准气样的差值即为基本误差。

6）在每次通气的过程中同时要观察测量报警点、断电点、复电点和声光报警情况。以上内容也可以单独测量。

7）声光报警测试。报警时报警灯应闪亮，声级计距蜂鸣器 1m 处，对正声源，测量声级强度。

8）测量响应时间。用秒表测量通入 2.0%CH_4 校准气体，显示值从 0 升至最大显示值90% 时的起止时间。

9）测试过程中记录分站或频率计的传输数据，误差值不超过 0.01%CH_4。

10）填写调校记录，测试人员签字。

3. 风速传感器的调校

（1）零点调校　当风速小于 0.6m/s 时，传感器无法调校。风速传感器安装后，通常风速调为传感器进风口所在断面的平均风速，所以风速传感器不需要调零。

（2）精度调节　开机预热后，按下遥控器的"选择"键，使小数码管显示"2"，然后再通过按动遥控器的"▲"或"▼"键，使大数码管显示数值与传感器进风口所在断面的平均风速值一致即可。

（3）自检　按下遥控器的"选择"键，使小数码管显示"3"，此时传感器应显示"3_ _._"，则输出信号正常。

四、传感器的维护

1. 日常维护

使用中的传感器应经常擦拭，清除外表积尘，保持清洁。采掘工作面的传感器应每天除尘，保持干燥，避免洒水淋湿或摔打碰撞。

2. 阶段维护

当传感器老化后出现零点偏离过大的情况时，之前的零点调节已不能满足要求，需要将遥控器对准传感器的显示窗，同时按下遥控器上的 3 个按键持续数秒后，立即按下"选择"键，使传感器显示窗内的小数码管显示"1"；用螺钉旋具旋下传感器后盖上的紧固螺丝，打开传感器后盖，露出整机电路板，再用专用小螺钉旋具调节电路板上的零点电位器 RP1，使传感器的显示回到"0.00"，完成调校。

注意：进行此项操作时，必须再用标准气体重新对传感器的精度进行校对后方可下井使用。

 任务考核

"传感器的安装、调校与维护"学习评价考核表见表 1-5。

表 1-5 "传感器的安装、调校与维护"学习评价考核表

	考核项目	考核标准	配分	自评	互评	教师评价
知识点	矿用传感器的组成与分类	完整说出得满分，每少说一条扣 1 分	5 分			
	各种传感器的作用	完整说出得满分，每少说一条扣 1 分	5 分			
	各种传感器的结构特点	完整说出得满分，每少说一条扣 1 分	5 分			
	各种传感器的工作原理	完整说出得满分，每少说一条扣 1 分	5 分			
	小计		20 分			
技能点	能够完成模拟量传感器的安装	熟练完成得满分；不熟练完成 1～9 分；不会得 0 分	10 分			
	能够完成开关量传感器的安装	熟练完成得满分；不熟练完成 1～9 分；不会得 0 分	10 分			
	能够根据安装位置设置甲烷传感器的报警点、断电点和复电点的参数，参数设置符合《煤矿安全规程》及《煤矿安全监控系统及检测仪表使用管理规范》（AQ1029—2019）要求	正确设置得满分；不熟练设置 1～14 分；不会得 0 分	15 分			

（续）

考核项目		考核标准	配分	自评	互评	教师评价
技能点	能够完成甲烷传感器的零点调校和标准值调校	未正确清零扣2分；手指口述错误或未口述扣2分	4分			
		未正确设置报警点扣2分；手指口述错误或未口述扣2分	4分			
		稳定时间不足90s扣2分；手指口述错误或未口述扣2分	4分			
		标校值不达标扣2分；手指口述错误或未口述扣2分	4分			
		阀门不关扣2分；手指口述错误或未口述扣2分	4分			
小计			55分			
素质点	学习态度、学习习惯、发表意见情况、相互协作情况、参与度和结果	遵守纪律、态度端正、努力学习者得满分，否则得0～4分	5分			
		思维敏捷、学习热情高涨者得满分，否则得0～4分	5分			
		积极发表意见、有创新意见、意见采用者得满分，否则得0～4分	5分			
		相互协作、团结一致者得满分，否则得0～4分	5分			
		积极参与、结果正确者得满分，否则得0～4分	5分			
小计			25分			
合计			100分			

注：1. 技能考核为30min，每提前1min完成奖励1分，最多奖励5分；
　　2. 安全文明规范操作，可增加奖励分5分。

任务四 监控分站的安装与调试

任务描述

　　监控分站是煤矿安全监测监控系统的核心设备，完成监控分站的安装与调试就等于完成井下系统的安装与调试。本任务从学习 KJ90-F16（B）型监控分站展开，熟悉监控分站的用途及工作原理。本任务的重点是监控分站的连接与调试，难点是监控分站的故障分析与排查。

 相关知识

监控分站是煤矿安全监测监控系统的关键配套设备，用于接收来自传感器的信息，并按预先约定的复用方式远距离传送给传输接口，同时，接收来自传输接口多路复用信号。监控分站还具有线性校正、超限判别、逻辑运算等简单的数据处理能力，对传感器输入的信号和传输接口传输来的信号进行处理，控制执行器工作。

KJ90-F16（B）矿用本安型分站（以下简称分站）是一种以基于 ARM Cortex-M3 内核的 32 位嵌入式微控制器为核心的嵌入式控制设备，可挂接多种传感器，能对井下多种环境参数如瓦斯、风速、一氧化碳、负压、设备开停状态等下级智能设备进行连续监测，具有多通道、多制式的信号采集功能和通信功能，通过工业以太网，能及时地将监测到的各种环境参数、设备状态传送到地面中心站，并执行中心站发出的各种命令，及时发出报警和断电控制信号。

一、主要用途及适用范围

1）采集各传感器的实测参数及状态。
2）通过工业以太网快速地向地面的系统中心站传送巡检参数。
3）执行地面中心站发往井下的各种控制命令。
4）对异常状况进行断电控制。

二、结构特征与工作原理

1.分站的结构特征

分站外观结构特征如图 1-40 所示。

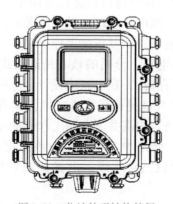

图 1-40　分站外观结构特征

2. 工作原理

分站是一个以基于 ARM Cortex-M3 内核的 32 位嵌入式微处理器为核心的控制系统，主要由 32 位微控制器、看门狗自动复位电路、DC/DC 电源转换隔离电路、遥控及显示电路、通信电路、总线数据采集电路、控制输出电路、数据存储电路、扩展接口电路和时钟电路等组成。

分站可以采用 RS485 通信方式，或者以太网通信方式与上位机监控软件进行双向通信。工作时，首先根据分站各输入通道上所挂接的传感器、智能设备类型，分站接收地面中心站初始化数据，对分站的各个通道分别进行定义和设置，并将定义参数信息保存到数据存储器中。当分站对挂接各类传感器的输入通道进行连续、不间断数据采集时，来自传感器的频率或电流信号在经过相应的变换后进入 32 位微控制器进行采集、运算、分析和判断。根据配置信息，分站可以与不同的智能设备以 RS485 方式进行双向通信。分站电路原理框图如图 1-41 所示。

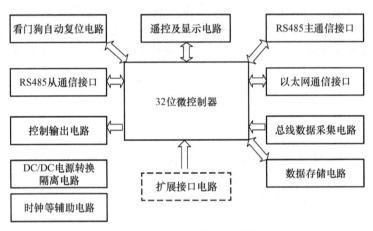

图 1-41 分站电路原理框图

（1）32 位微控制器 核心控制芯片采用基于 ARM Cortex-M3 内核的 32 位嵌入式微处理器，操作频率可高达 120MHz，与基于 ARM7 内核的微处理器相比，性能提高了一倍。

（2）看门狗自动复位电路 看门狗自动复位电路单元在工作中的主要功能是看护分站的电源及程序运行情况，当出现电源电压过低或因意外造成分站程序跑飞时，及时向控制系统输出复位信号使之自动复位，恢复正常工作。

（3）DC/DC 电源转换隔离电路 分站的核心是嵌入式微控制器及各种集成块，对电源要求较高。为了提高分站的可靠性，在电路中设计了电源转换隔离电路。它主要由稳压和 DC/DC 隔离电路组成，主要功能是确保嵌入式微控制器、数字电路、模拟电路为核心的电路单元与电源间的有效隔离，提高井下分站工作时的可靠性。

（4）总线数据采集电路 分站中共有 4 个总线数据采集模块，每个模块可挂接 4 台传感器，模块支持 RS485 和 CAN 总线，由微控制器控制，对各个模块进行巡检并处理。

（5）控制输出电路 分站有 C1 ～ C8 共 8 路控制输出。控制信号分别基于 ARM 的

32 位微控制器的 I/O 口并行输出，以驱动外接断电器中的继电器，完成对用电设备的断电/复电控制。

（6）通信电路　分站提供一路 RS485 主通信接口，通过 RS485 的方式连接到矿用以太网交换机或以太网通信接口，将数据传输到中心站，实现与中心站间的双向通信。

分站还提供，一路 RS485 从通信接口，通过 RS485 通信实现与智能设备的双向通信，借助于主通信接口，从而间接实现中心站与智能设备的双向通信。

（7）遥控及显示电路　分站的初始设置通过分站主板上以 HS9149 为核心的遥控电路实现，使用遥控器对分站号进行就地手动设置并保存，无须打开机盖。

分站显示器采用真彩色大屏幕液晶屏，对分站的控制口状态、通信状态、供电状态、电流箱内各参数信息、模块通信状态、各类传感器的数据及状态等进行实时显示。状态显示灯电路指示各路电源的工作情况。

（8）数据存储电路　分站设计专门的数据存储电路，可以保存初始化参数配置信息。在主通信中断的情况下，分站也可以将实时数据以一定的格式存储在数据存储器内，在通信恢复的时候再将数据发送到地面中心站，从而保证监控数据的连续性。

（9）时钟等辅助电路　为控制系统内各个集成块处理单元提供相应频率的时钟信号。

三、功能

1. 基本功能

分站具有与传输接口或交换机双向通信及工作状态指示功能；具有模拟量采集功能，模拟量输入为 200 ~ 1000Hz 频率型模拟信号；具有甲烷、风速、风压、一氧化碳、温度等模拟量采集及显示功能；具有设备开停状态、馈电状态、风筒开关、风门开关、烟雾等开关量采集及显示功能；具有累计量采集功能。

2. 控制功能

分站具有甲烷浓度超限声光报警和断电/复电控制功能；具有甲烷风电闭锁功能；具有初始化参数设置和掉电保护功能，初始化参数可通过地面中心站输入和修改；具有自诊断和故障指示功能。

分站的连接与调试

一、分站的连接

分站与各关联配接设备的连接示意图如图 1-42 所示。

电源
主机
数据通信
接口
10km
分站
2km
数字量传感器
及控制器
a)
电源
光纤10km、
网线100m
或电缆4km
主机
交换机
分站
2km
传感器
及控制器
b)

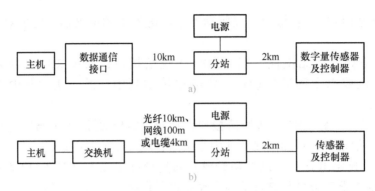

图 1-42　分站与各关联配接设备的连接示意图

二、分站液晶屏显示说明

分站开机时，液晶屏会显示开机画面，并显示“上电闭锁中，请稍后…”字样，闭锁 1min 后，分站正常运行，如图 1-43 所示。

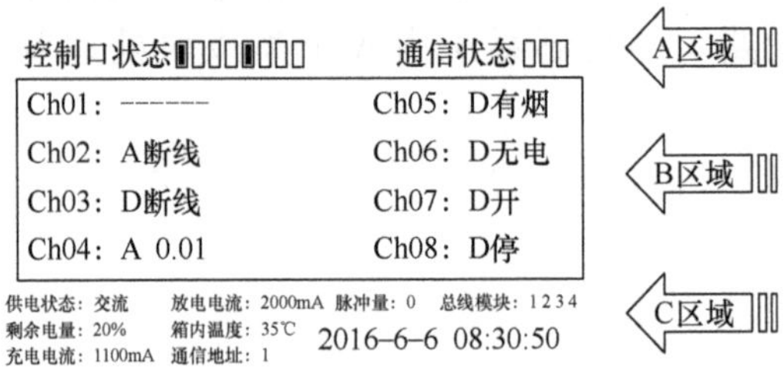

控制口状态
通信状态
A区域
B区域
C区域
Ch01：------
Ch02：A断线
Ch03：D断线
Ch04：A 0.01
Ch05：D有烟
Ch06：D无电
Ch07：D开
Ch08：D停
供电状态：交流
放电电流：2000mA
脉冲量：0
总线模块：1 2 3 4
剩余电量：20%
箱内温度：35℃
充电电流：1100mA
通信地址：1
2016–6–6 08:30:50

图 1-43　分站液晶屏显示界面图

分站液晶屏主界面由上至下以方框线为界，分为 A、B、C 3 个区域，A 区域为控制口状态及通信状态实时显示区域，B 区域循环显示分站各采样通道的类型及实时值或状态，C 区域为电源箱信息、脉冲量、总线模块状态及实时时间显示区域。

A 区域控制口状态的 8 个指示框从左到右依次为 C1 ～ C8 控制口状态指示，如果显示为空心框，则表示对应控制口为正常状态；如果显示为填充框，则表示对应控制口为断电状态。图 1-43 中指示为控制口 C1 和 C5 为断电状态，控制口 C2、C3、C4、C6、C7、C8 为正常状态。通信状态的 3 个指示框分别表示主通信状态、从通信状态以及启用甲烷风电闭锁功能状态。其中主、从通信状态显示为填充框，表示与中心站通信正常；显示为空心框表示未通信。如果启用了甲烷风电闭锁功能，最后一个框显示为填充框，如果未启用甲烷风电闭锁功能，最后一个框显示为空心框。

B 区域为传感器通道实时值或状态显示区，每屏显示 8 个通道的数据，每个通道依次显示通道号、类型、状态或数值。如果该通道显示“ ------”，表示该通道未使用，即在中心站软件中未定义；如果显示“ A”，则表示该通道已经定义为模拟量传感器；显示“ D”，则表示该通道已经定义为开关量传感器；如果模拟量或开关量传感器检测为断线状态，则显示为“断线”；如果有具体的数值，则表示该通道传感器的实时数据或状态，开关量传感器会自动根据传感器的类型显示不同的汉字，传感器类型自动识别。图 1-43 中 5 通道显示为烟雾传感器状态，6 通道显示为馈电传感器状态，7、8 通道显示为开停传感器状态。

C区域左边显示配接电源箱供电状态、电源参数及分站地址号等。如果电源参数全部显示"无信息",则表示分站与电源箱通信失败,需要进行检查;通信地址则显示分站当前的通信地址(即分站号),该地址可以通过遥控器进行修改。C区域右边显示采集到的脉冲数量、当前模块的运行状态和分站当前的时间。总线模块4个数字正常状态显示白色,表示模块运行正常,如果显示为红色,表示模块运行异常,需要检查;右下角显示为分站当前日期及时间,正常情况下分站的日期及时间与中心站软件同步,如果出现异常显示,可尝试用中心站软件的"时钟校正"功能进行校正。

三、分站的红外遥控设置

同时按下遥控器的"△"键和"▽"键,使液晶屏上通信地址号处于闪烁状态,当地址号闪烁时表示分站已进入遥控状态,此时可以通过按遥控器的"△"键或"▽"键调整到需要的地址号(目前可设置号码范围为1～254),然后再同时按下遥控器上的"△"键和"▽"键,保存并退出设置后,分站自动重新启动。

四、分站调试

井下分站的硬件网络平台建好后,并不能正常工作,还需要对它进行相关的参数设置。分站的参数可使用遥控器直接对分站进行设置,也可以使用遥控器设置好分站号后,由中心站主机在地面进行设置。但在实际工作中,必须在井下完成设备的故障排除和网络结构的变更,此时的调试工作就不可能在地面来设置。本任务主要是针对井下分站的直接调试。

1. 识别分站号

分站号是分站在系统中的表示,它具有唯一性。系统中的每个分站都有自己的分站号,且各分站号没有重复。地面中心站主机就是通过分站号来读取各分站的数据的,如果系统中出现分站号相同的情况,地面中心站主机将得到错误数据。在新装监控系统及分站升井维修后,都需要对分站的分站号进行设定,以保证分站号没有冲突,能正常与地面监控主机通信。分站号的设置也是有一定范围的,2007年以前的老分站有效范围为001～064,此后的新分站有效范围为001～255。由于分站号具有唯一性,因此在一套系统中可容纳的最大分站数量为老系统64台或新系统255台。

2. 分站号的设置

1)准备遥控器。遥控器是对分站进行直接调试的必备设备,它具有"选择""△"和"▽"3个按键。"选择"键主要用于调试项目的切换,"△"键和"▽"键主要用于具体调试项目的参数更改。

2)进入配置分站调试状态,将遥控器对准分站显示窗,同时按下"△"键和"▽"键大约8s,直到分站显示窗显示"0d×××"为止,即进入分站的调试状态。

3)分站号设置。分站号设置用编号"0d"表示,图1-44中的数值"003"表示此时设置的分站的分站号为003号。编号"0d"只在刚进入分站调试状态时出现,此时可通过"△"键或"▽"键调节得到具体的数值参数。

图1-44 分站调试状态及分站号设置

五、故障分析与排除

1. 分站通道显示断线

排除方法：分站显示断线，说明传感器信号未进入。排除时，应先检查中心站软件设置及传感器连接是否正常，分站对应的通信模块是否正常等，如果出现异常则进行更换。

2. 分站工作时显示值不准确、出现乱断电等情况

排除方法：需要检查传感器地址是否有重复的情况，确保无误的情况下再检查分站主板。

3. 红外遥控操作不灵

排除方法：用万用表检测红外接收部分解码芯片对应引脚的电平是否正常翻转，如不能正常翻转，则可能是HS9149芯片或红外接收头损坏。如正常翻转，则应考虑微控制器（CPU）是否损坏。

4. 直流电源输出偏低

排除方法：直流电源输出偏低时，应检查对应不同电源等级的变压器抽头连接是否正确。

5. 当交流电源停电时，备用电源不能正常投入

排除方法：此时应考虑电源箱备用电池是否失效；检查电源充电板是否出现故障。

6. 分站与中心站不能正常通信

排除方法：先排除中心站设置及交换机（或通信接口）故障后，查看通信线接线是否正确；检查65LBC184、TLP181光耦及通信保护电路是否有损坏等。

7. 中心站显示分站状态未知

排除方法：出现此情况表示分站与电源箱无法正常通信，需检查电源箱与分站间连线是否脱落；检查配接电源箱内充电控制板是否损坏，或通信电路是否损坏等；检查分站从通信电路是否损坏等。

8. 分站箱内蜂鸣器报警

排除方法：分站只要有控制口输出断电状态，蜂鸣器就会报警，需要检查分站是否

正处于断电状态（含传感器超限控制及手动控制、交叉断电等），如果有控制输出则为正常现象，在控制恢复时会自动解除报警。

"监控分站的安装与调试"学习评价考核表见表1-6。

表 1-6　"监控分站的安装与调试"学习评价考核表

考核项目		考核标准	配分	自评	互评	教师评价
知识点	矿用监控分站的主要用途	完整说出得满分，每少说一条扣1分	5分			
	矿用监控分站的结构特征	完整说出得满分，每少说一条扣1分	5分			
	矿用监控分站的工作原理	完整说出得满分，每少说一条扣1分	5分			
	分站显示屏显示信息含义	完整说出得满分，每少说一条扣1分	5分			
	小计		20分			
技能点	能够调试分站完成上电运行	熟练完成得满分；不熟练完成得1～14分；不会得0分	15分			
	能够正确设置分站地址号	熟练完成得满分；不熟练完成得1～14分；不会得0分	15分			
	能够在指定通道连接低浓度甲烷传感器	正确设置得满分；不熟练设置得1～9分；不会得0分	10分			
	能够在分站上完成传感器报警值设置	正确调校得满分；不熟练调校得1～14分；不会得0分	15分			
	小计		55分			
素质点	学习态度、学习习惯、发表意见情况、相互协作情况、参与度和结果	遵守纪律、态度端正、努力学习者得满分，否则得0～4分	5分			
		思维敏捷、学习热情高涨者得满分，否则得0～4分	5分			
		积极发表意见、有创新意见、意见采用者得满分，否则得0～4分	5分			
		相互协作、团结一致者得满分，否则得0～4分	5分			
		积极参与、结果正确者得满分，否则得0～4分	5分			
	小计		25分			
合计			100分			

注：1. 技能考核为30min，每提前1min完成奖励1分，最多奖励5分；
　　2. 安全文明规范操作，可增加奖励分5分。

任务五 断电器的连接

任务描述

当甲烷浓度超过断电浓度或掘进工作面停风或风量低于规定值时，必须切断被控区域非本质安全型电气设备的电源。因此，断电控制是煤矿安全监测监控系统最基本、最重要的功能。

断电器是安全监测监控系统进行瓦斯超限断电控制的主要配套设备之一，是监测监控系统发挥效益、保障安全生产的重要环节。本任务主要围绕KDG型矿用断电器展开，熟悉断电器的断电控制作用、结构及工作原理。本任务的重点是断电器的连接，难点是断电器的故障分析与排查。

相关知识

断电器是煤矿安全监测监控系统的执行器，当环境中有害气体浓度超限或恢复后能自动切断或闭合机电设备的控制回路。断电器作为一种中间控制装置，与安全监测监控系统和传感器配套使用。当井下相关地点瓦斯浓度超限后，受安全监测监控系统分站信号的控制，断电器对超限区域用电设备进行断电，起到电闭锁作用；还对被控开关的开、停状态进行监测，并将监测信号回馈给监测系统，以便准确掌握被控开关的供电状态。

一、分站断电控制的作用

断电控制既要完成甲烷断电和甲烷风电闭锁功能，又要保证不影响被控低压防爆开关（低压防爆开关有隔爆型馈电开关、隔爆型电磁起动器和隔爆兼本质安全型电磁起动器）的正常工作。断电控制是通过控制低压防爆开关实现对被控设备的控制。

当分站采集到传感器检测值超过或低于对应限值时，电磁起动器和馈电开关等装置闭合或断开煤矿井下设备的低压或高压开关回路，从而控制井下机电设备的运行，保护矿井安全生产。

分站的断电分为近程断电和远程断电。当井下机电设备距离分站30m以内时，可以采用分站的近程断电直接控制机电设备的开关回路；当超过30m时，需要通过分站的控制口远程连接馈电断电器，再连接到磁力防爆开关的低压或高压开关控制回路，从而监控机电设备的运行，如图1-45所示。

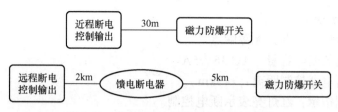

图 1-45　近程断电、远程断电连接示意图

二、常见断电器

KDG 型矿用断电器（以下简称断电器）为爆炸性气体环境用防爆电气设备，用在煤矿井下具有煤尘、瓦斯的爆炸性气体环境中。

1. KDG-1 型远程断电器

KDG-1 型远程断电器为隔爆兼本质安全型远程低压断电执行装置，主要用于煤矿井下设备的低压开关回路和井下机电设备 36V 交流控制开关回路，可以实现远程断电。该断电器性能稳定可靠、寿命长、耐振动、结构简单、使用安全方便。

（1）结构及工作原理　KDG-1 型远程断电器外形结构图如图 1-46 所示。断电器采用先进的无源固态继电器模块技术，通过控制回路与负载回路之间的电隔离及信号耦合，实现无触点通断开关功能。KDG-1 型远程断电器原理框图如图 1-47 所示。

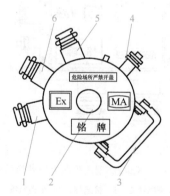

图 1-46　KDG-1 型远程断电器外形结构图

1—大喇叭嘴　2—显示窗　3—提手　4—接地柱　5—小喇叭嘴 1　6—小喇叭嘴 2

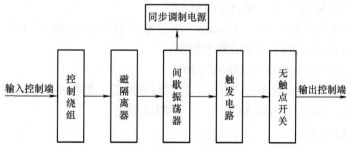

图 1-47　KDG-1 型远程断电器原理框图

（2）主要技术指标

1）输入控制信号类型：无源触点。

2）输出控制的断电容量：AC 36V/5A。

3）分站到断电器控制距离：≤5km。

4）断电控制指示：红灯亮表示断电控制。

2. KDG-2 型远程断电器

KDG-2 型远程断电器为隔爆兼本质安全型远程高压断电执行装置，具有执行监控分站发出的远程断电指令，控制井下设备开关的高压控制回路，实现远程断电的功能，并将负荷侧有电、无电信号传送至监控分站，有效地防止井下瓦斯超限"假断电"现象。

（1）结构及工作原理　KDG-2 型远程断电器外形结构图如图 1-48 所示。断电器主要由馈电和断电两部分组成。馈电部分直接接线至负荷侧，用光敏原理监测开关是否带电，馈电信号是否真实可靠，能防止井下"假断电"现象，大喇叭嘴 1 为馈电电源接线入口喇叭嘴；断电部分采用高压继电器，触点方式控制。

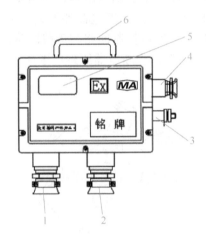

图 1-48　KDG-2 型远程断电器外形结构图

1—大喇叭嘴 1　2—大喇叭嘴 2　3—接地柱　4—小喇叭嘴　5—显示窗　6—提手

（2）主要技术指标

1）输入控制信号类型：无源触点或电平控制。

2）输出控制的断电容量：AC 660V/0.5A。

3）分站到断电器控制距离：≥10km（无源触点信号）；≥2km（电平控制信号）。

4）断电控制指示：红灯亮表示断电控制。

5）馈电输入电压：AC 660V/380V/220V。

6）馈电输出信号：0mA/1mA/5mA（分别对应断线 / 无电 / 有电状态）。

7）断电输入 / 输出：2 路断电输入，2 路断电输出。

8）馈电监测：2 路。

断电器的连接

一、KDG-1 型远程断电器的连接

1. 连接

KDG-1 型断电器内置一个电路模块，该电路模块有两对接线端子。一对为输入端子，接分站的远程断电控制口的输出线，不区分正负极（无源触点控制信号）；另一对为输出端子，用以将断电器串接在被控防爆开关的 36V 交流控制回路。KDG-1 型远程断电器内置模块接线图如图 1-49 所示。

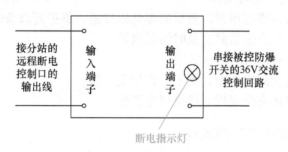

图 1-49 KDG-1 型远程断电器内置模块接线图

2. 注意事项

1）KDG-1 型远程断电器输入控制信号为无源触点信号，输出控制为晶闸管触点。其内置模块的输入信号为本安型，输出控制为非本安型，所以切记模块输入、输出不能接反，且输出控制仅限于 36V 交流控制回路。

2）安装好后，如要进行断电控制，远端输入控制信号可使指示灯（红灯）亮，表示断电控制；不输入控制信号，指示灯灭。

3）严格按照《煤矿安全规程》相关规定操作。

二、KDG-2 型远程断电器的连接

1. 连接

如图 1-50 所示，KDG-2 型远程断电器的交流输入由大喇叭嘴 1 接入，与接线柱 2、3 相连；分站控制输入信号通过小喇叭嘴接入电路板 8 的两个压线端子上。输入控制分触点控制和电平控制两种，通过电路板 8 上的跳线改变；断电器的控制输出分常开和常闭两种，通过大喇叭嘴 2 将控制触点串接在被控回路中。

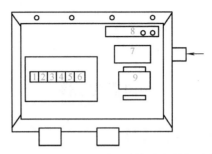

图 1-50　KDG-2 型远程断电器的内部结构示意图

1—内接地柱　2、3—交流输入接线柱　4、5—常开触点　5、6—常闭触点　7—高压继电器　8—电路板　9—变压器

2.注意事项

1）检查设备内部接线是否松动、脱落。如有应及时修正。检查无误后，方可连接装置，通电观察各部分是否正常工作。

2）电缆出线口密封圈应压紧，盖板的螺丝应拧紧，维护好设备的防爆面。

3）设备使用时，若发生短路应及时切断电源。

4）严禁将设备放在顶板有淋水的地方。

5）开盖时应确保交流电切断，绝不容许带电操作。

6）严格按照《煤矿安全规程》相关规定操作。

三、断电器和电磁起动器的连接

1）QBZ-80D/660 型电磁起动器瓦斯电闭锁接线原理如图 1-51 所示，将断电控制器的常开触点接入 QBZ-80D/660 型电磁起动器控制回路端子，当瓦斯超限或分站无电时，断电控制器断开，电磁起动器断电闭锁。

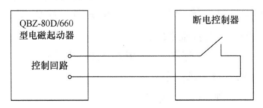

图 1-51　QBZ-80D/660 型电磁起动器瓦斯电闭锁接线原理

2）BKD1-500/1140/660 型矿用隔爆型真空馈电开关瓦斯电闭锁接线原理如图 1-52 所示，将断电控制器的常开触点接入馈电开关欠电压线圈回路，当瓦斯超限或分站失电时，断电控制器断开，馈电开关断电闭锁。

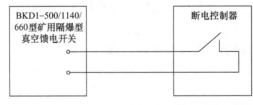

图 1-52　BKD1-500/1140/660 型矿用隔爆型真空馈电开关瓦斯电闭锁接线原理

3）BGP9L-6A 矿用隔爆型高压真空开关瓦斯电闭锁接线原理如图 1-53 所示，将断电控制器常闭触点接入高压真空开关后腔单元的 4、5 端子，当瓦斯超限或分站失电时，断电控制器闭合，高压真空开关断电闭锁。

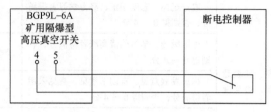

图 1-53　BGP9L-6A 矿用隔爆型高压真空开关瓦斯电闭锁接线原理

四、断电控制器故障分析与排除

1）必须在安全的地方或在地面进行检查。

2）检查断电器的输入电源电压是否正常。

3）检查熔体是否完好，确保断电器工作正常。

4）检查断电器的输入控制信号是否正常。如果输入控制信号不正常，检查相应的线路和分站的控制端口信号输出和对应的传感器是否有故障；如果正常，检查是否有输出控制信号，判断断电器是否有故障。

5）如果分站电源箱工作时显示值不准确，出现乱断电等情况。可考虑检查电路主板上的芯片是否出现故障，传感器类型初始化设置是否正确。

 任务考核

"断电器的连接"学习评价考核表见表 1-7。

表 1-7　"断电器的连接"学习评价考核表

	考核项目	考核标准	配分	自评	互评	教师评价
知识点	分站断电控制的作用	完整说出得满分，每少说一条扣 2 分	10 分			
	KDG-1、KDG-2 断电器的结构及工作原理	完整说出得满分，每少说一条扣 2 分	10 分			
	小计		20 分			
技能点	能够正确连接分站的近程断电、远程断电	熟练完成得满分；不熟练完成得 1～19 分；不会得 0 分	20 分			
	能够正确连接 KDG-1、KDG-2 的输入、输出信号	熟练完成得满分；不熟练完成得 1～19 分；不会得 0 分	20 分			
	能够完成断电器至防爆开关的接线	正确设置得满分；不熟练设置得 1～14 分；不会得 0 分	15 分			
	小计		55 分			

（续）

考核项目		考核标准	配分	自评	互评	教师评价
素质点	学习态度、学习习惯、发表意见情况、相互协作情况、参与度和结果	遵守纪律、态度端正、努力学习者得满分，否则得0～4分	5分			
		思维敏捷、学习热情高涨者得满分，否则得0～4分	5分			
		积极发表意见、有创新意见、意见采用者得满分，否则得0～4分	5分			
		相互协作、团结一致者得满分，否则得0～4分	5分			
		积极参与、结果正确者得满分，否则得0～4分	5分			
小计			25分			
合计			100分			

注：1. 技能考核为30min，每提前1min完成奖励1分，最多奖励5分；
　　2. 安全文明规范操作，可增加奖励分5分。

任务六　中心站主控软件的使用及操作

任务描述

中心站主控软件是煤矿安全监测监控系统地面监控管理中心的核心内容。根据矿井采掘工程平面图和通风系统图，按照井下矿井安全监测监控系统的设备布局，已设计完成系统硬件设备的布置与连接，系统已能正常通电工作。要完成对传送到地面监控中心的井下数据的接收及相应处理，需要进行中心站主控软件的安装、支持平台的安装以及对井下对应硬件设备测点的设置，以便数据能传送到地面中心监控主机。

相关知识

中心站主控软件是监控系统的主控软件。井下各分站的供电状态（交流或直流），通信状态（通或断），井下被测环境中气体的浓度、环境的温湿度、压力及风速等环境参数和设备状态实时地传送到地面监控主机上，通过中心站主控软件处理后，以表格、图形等形式显示测量数据，并能在地面对井下设备实施手动控制；同时，中心站主控软件会记录所有监测数据，为管理人员提供历史数据查询、被控报表打印等功能，为安全管理人员提供快捷方便的管理环境。

中心站主控软件的工作主要采用RS485和TCP/IP两种通信网络协议。

采用 RS485 通信协议时，中心站主控软件采用串口通信。串口通信的带宽只有 2400bit/s。运行中心站主控软件后，通过串口取得各分站的数据，数据经过处理显示在软件主窗口；同时，将接收到的数据存入数据库服务器。

采用 TCP/IP 通信协议时，中心站主控软件采用网卡的 RJ45 或光纤端口通信。采用网卡通信的带宽可达 100Mbit/s 或 1000Mbit/s。因此，从监测数据的实时性、控制操作的执行速度、系统的扩展应用等方面，TCP/IP 通信协议方式将是未来的技术发展方向。

KJ90NA 煤矿监控系统中心站主控软件的使用与操作

一、系统设置

KJ90NA 煤矿监控系统中心站主控软件主界面如图 1-54 所示。该软件菜单栏主要包括参数设置、页面编辑、控制、列表显示、曲线显示、图形显示、模拟图显示、打印、查询、帮助等部分。菜单栏下显示常用工具栏，包括保存、打印等，为了用户更好地操作系统，设置有国标模式与用户模式切换按钮，如图 1-55 所示，单击此按钮，可以切换显示两种模式，如图 1-56 所示。

具体操作按照 Windows 标准窗口操作规范，同一功能支持多种方式操作。

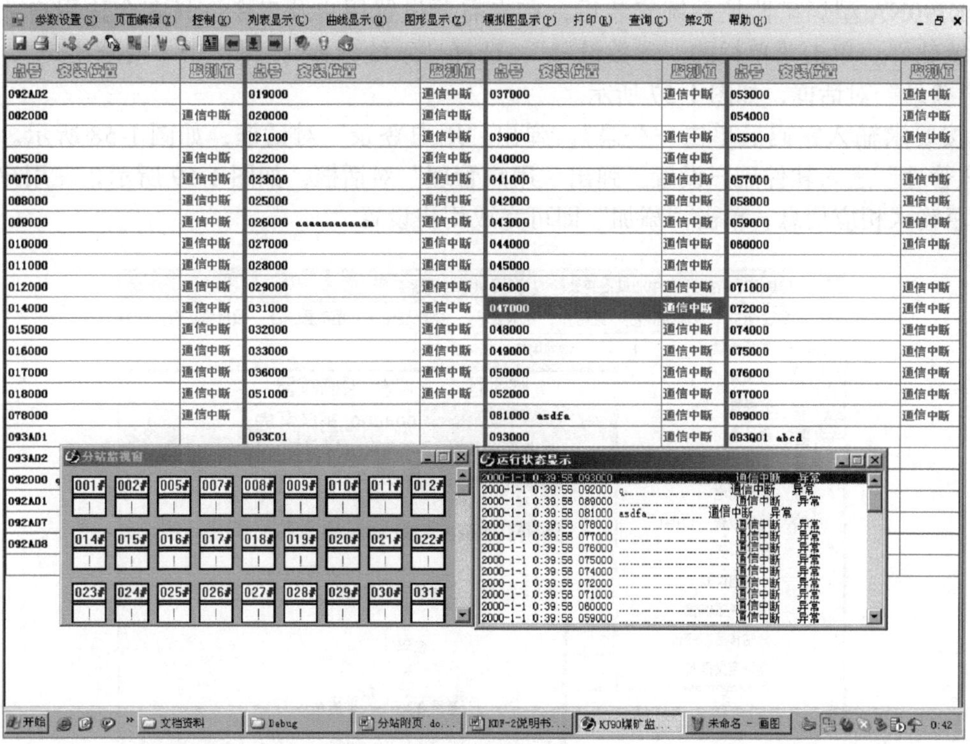

图 1-54 KJ90NA 煤矿监控系统中心站主控软件主界面

图 1-55　国标模式与用户模式切换按钮

a) 国标模式

b) 用户模式

图 1-56　两种模式显示

二、用户设置

KJ90NA 型煤矿监控系统安装后，首先需要设置用户及口令，只有合法用户才能使用系统软件。单击菜单栏的"参数设置"，选择"系统参数"，再单击"增减用户"，打开"用户登录"对话框，如图 1-57 所示。

按要求输入密码后单击"登录"，弹出"用户登录"对话框，如图 1-58 所示。单击"用户管理"进入软件用户设置，弹出"用户管理"对话框，如图 1-59 所示，在用户名和密码里输入相应信息，单击"添加"即可完成用户设置。

图 1-57　打开"用户登录"对话框

图 1-58 "用户登录"对话框

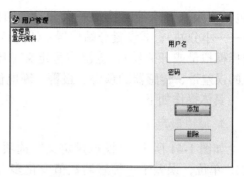
图 1-59 "用户管理"对话框

三、监控对象设置

由于系统中分站的数量及类型不同,软件通过分站号及分站类型来确定分站。因此,需要对其进行设置选择。具体操作方法如下:单击"参数设置"中的"测点定义",输入用户名和密码,单击"确认",进入"定义信息"对话框,如图 1-60 所示。

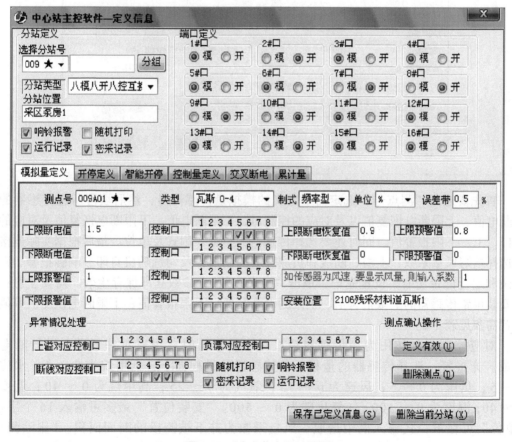
图 1-60 "定义信息"对话框

在"定义信息"对话框,进行如下操作:①选择所要设置分站号;②选择分站类型

（包括八模八开八控互换——大分站、四模四开四控互换——中分站、二模二开二控互换——小分站）；③设置分站位置；④进行分站端口定义（定义分站端口所接传感器类型，选择模拟量或开关量）；⑤测点号定义（传感器的类型、传输制式、单位、传感器变化记录的误差带、传感器的预警、报警、断电值、相应控制断电设置等）。

具体操作如下：

1. 模拟量定义

如图1-61所示，"模拟量定义"选项卡中包括测点号，类型（量程），制式（传输方式），单位，误差带（传感器数值变化多大记录一次），对应的断电值、报警值、预警值、断电恢复值（根据传感器安装地点按照标准设置），异常情况处理（在相应控制口打钩），安装位置（不能重复）和测点确认操作。

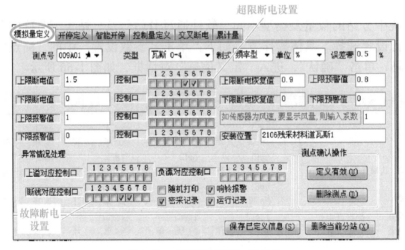

图1-61 "模拟量定义"选项卡

首先要通过"测点号"选定需要定义的模拟量传感器号，然后填写所选传感器的上限断电值、上限断电恢复值以及对应的控制口，下限断电值、下限断电恢复值及对应的控制口，上、下限报警值。同时还要选择传感器的类型、制式及单位。最后根据实际连接情况选择填写风量系数，上溢、断线和负漂对应控制口，及勾选随机打印、响铃报警、密采记录和运行记录功能。设置完毕，单击"定义有效"，参数立即保存生效。需要注意：不同安装位置传感器的上限报警值、上限断电恢复值、下限报警值、下限断电恢复值等值的设置需参见表1-2。

对应控制口的作用为当传感器超过对应的限值时，用来对井下设备进行断电控制或声光报警，选择传感器的量程。各传感器的量程如下：低甲烷为0～4；水位为0～5；负压为0～5；风速为0～15；氧气为0～25；高甲烷为0～40；温度为0～40；湿度为0～100；一氧化碳为0～500。"安装位置"最多可输入16个字符。"单位"可在下拉式输入框中选取，风量系数为井下被测段的断面面积。"删除测点"表示此测点不用，可删除，在测点号中，选择要删除的测点，单击"删除测点"即可删除。

2. 开停定义

如图 1-62 所示，选择分站点号，在对应状态信息里面输入关联状态，在对应的控制里选择相应断电通道。

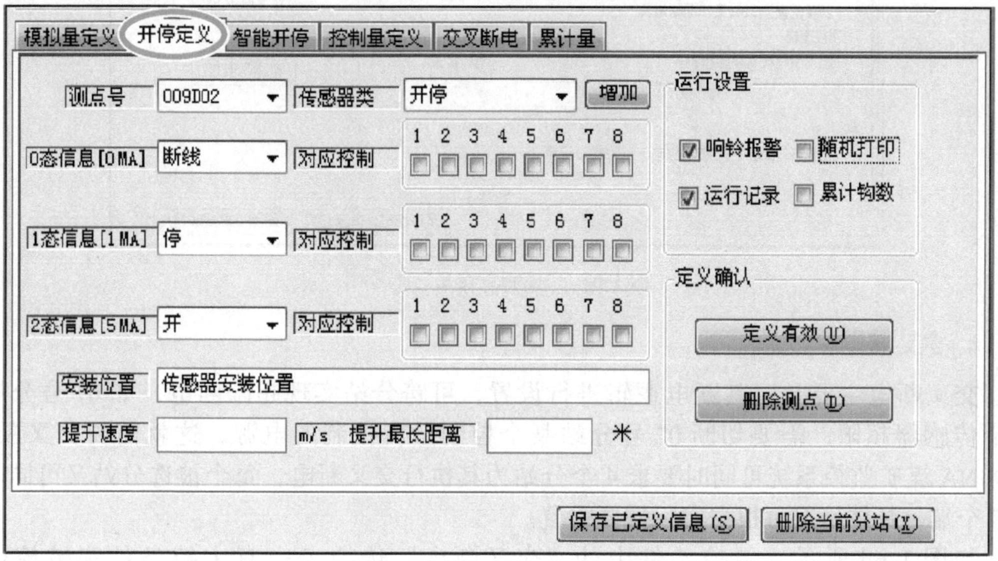

图 1-62 "开停定义"选项卡

开关量传感器所监测的物理量只有状态变化，如设备开停传感器、风门传感器等。通过"测点号"和"传感器类"选择对应的传感器及类型。"传感器类"包括开停、风门开关、烟雾及两态开停 4 种类型，分别用"0 态""1 态""2 态" 3 种工作状态进行表示，每种状态有开、停、关、有烟、无烟、断线、接通、切断、提升、下降等 10 种选项。0 态信息、1 态信息、2 态信息分别代表开关量的各种状态，它们的内容可由左键选择。KJ90NA 煤矿监控系统规定开停传感器 0 态信息为"断线"，1 态信息为"停"，2 态信息为"开"；图文显示时，设备运行就显示"开"，设备停止就显示"停"，开停传感器故障就显示"断线"。其他开关量可参照定义。

此外，根据开关量传感器不同的状态信息可选定对应的控制口，以供分站在不同的状态信息下执行控制指令。"安装位置""提升速度""提升最长距离"等根据实际情况填写。"响铃报警""随机打印""运行记录""累计钩数"等功能根据实际需要选择，"删除测点"与"模拟量定义"选项卡中相同。

3. 控制量定义

如图 1-63 所示，"控制量定义"选项卡参数的设置与"开停定义"选项卡的设置基本一致，需要注意：0 态信息、1 态信息表示该控制量输出值为 0 或 1 时所对应的信息，通常 0 态信息选择复电、投入等；1 态信息选择断电、报警等。

操作完成后，勾选传感器定义中的断电值项目所对应的控制口，即可实现超限自动断电。

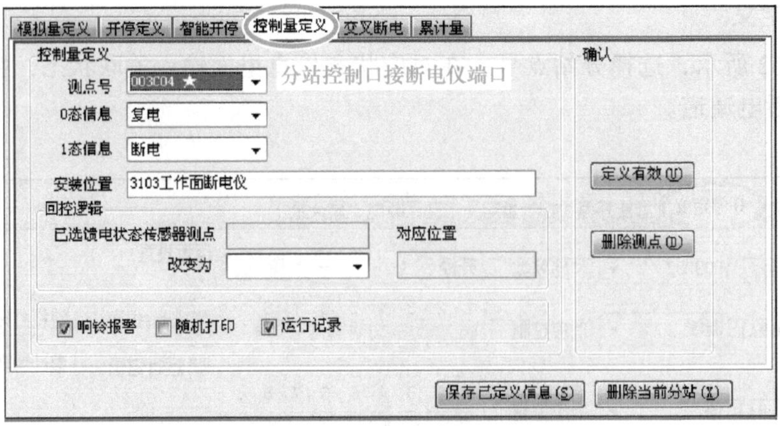

图 1-63 "控制量定义"选项卡

4. 交叉断电

交叉断电主要是对其断电逻辑进行设置，可跨分站实现超限断电，如 01 号分站的某个传感器超限，需要切断 02 号分站某个控制量所控制的电源，这就需要交叉断电。KJ90NA 煤矿监控系统可同时要求 4 个分站为其执行交叉断电，每个被选分站又可同时执行 8 个端，具体情况可根据实际需要设置。

如图 1-64 所示，主控条件中的"交叉断电"选项卡中有主控条件和被控通道两项。

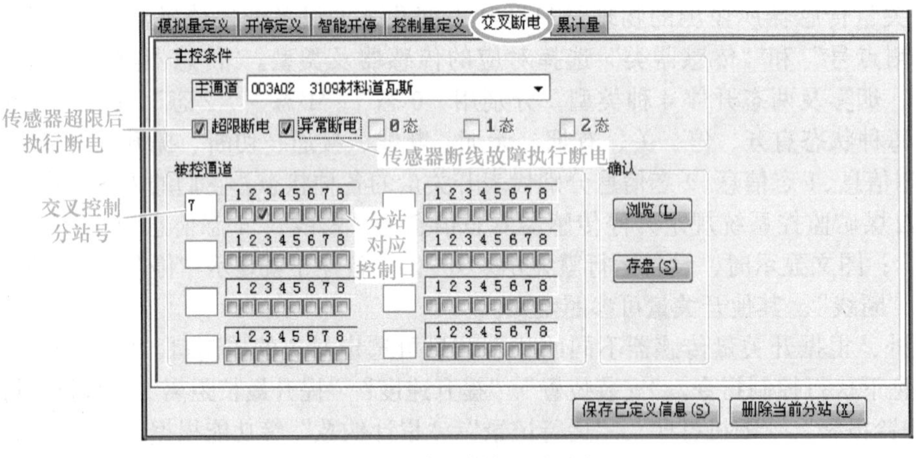

图 1-64 "交叉断电"选项卡

主通道是指当模拟量传感器超限时，通过其向系统提出执行交叉断电命令的通道（模拟量、开关量）。

被控通道是指系统要求其执行断电命令的通道（控制口）。

使用时，在主控条件中输入主通道的测点号，在被控通道中输入参与交叉断电的分站号（每次可有 4 台分站参与），并根据井下实际设置每台分站参与交叉断电的控制口（控制口数量根据不同的分站有所不同）。

确认无误后单击"存盘"，并单击"返回"，返回软件主界面。

5. 手动控制设置

手动断电就是执行断电，手动复电就是恢复送电，取消手动控制就是取消控制。

手动断电主要用于瓦斯出现异常情况时，对井下分站进行人工断电和报警控制。打开菜单栏"控制"选项，选择"操作→手动控制"，弹出如图 1-65 所示对话框。

在"选择分站"文本框中输入需要进行手动控制的井下分站号，然后在"对应控制状态"栏中选定该分站已投入使用的控制口（有灰色的部分表示该分站控制口数量不足），单击"控制执行"，此时屏幕上将显示"中心站主控软件 KJ90NA 煤矿监控系统"字样的手动控制设置结果提示框，供用户再一次确认。如果无误，则单击"确认"，设置生效；如果有误，单击"取消"，返回重新设置。如要解除手动控制，只需要按上述方法重新操作即可。

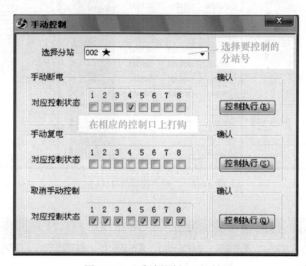

图 1-65 "手动控制"对话框

四、软件主界面编辑

KJ90NA 煤矿监控系统中心站软件的页面编辑功能主要是为了直观地反映井下个别测点的情况，它可实现"列表编排""曲线编排""模拟图""状态显示窗"等的编辑功能。

1. 静态图形编辑

（1）列表编排　单击"页面编辑"，选择"列表编排"，实现对主界面点号的位置编排，在点号选择区域内，选定要显示的点号，然后单击"添加"，如图 1-66 所示。

（2）曲线编排　单击"页面编辑"，选择"曲线编排"，如图 1-67 所示。然后进入曲线显示颜色编辑界面，自定义曲线显示颜色，如图 1-68 所示。

2. 动态图形编辑

在动态图形编辑前必须先将图片上传到软件中。

第一步，单击"图形显示"，选择"图形上传"，如图 1-69 所示，进入图片上传界面，如图 1-70 所示。单击"添加图形"，选择要上传的图片。

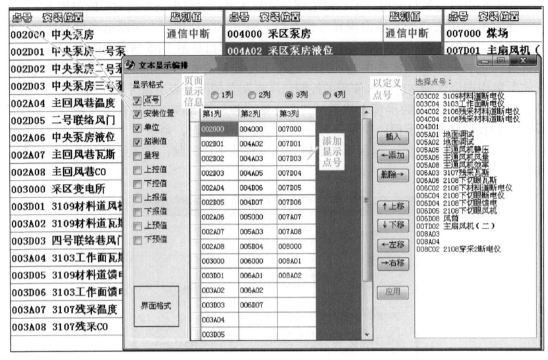

图 1-66 "列表编排"对话框

图 1-67 选择"曲线编排"

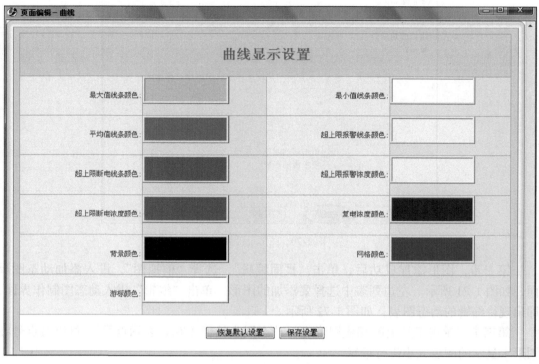

图 1-68 自定义曲线显示颜色

点号 安装位置	监测值	点号 安装位置		点号 安装位置	监测值
		035000 35	状态图	015000 15	通信中断
		035A01 35-1	柱状图	015A01 15-1	
		035A02 352	图形制作	015A02 15-2	
		035A03 353	图形上传	015A05 15-5	
		035A04 354		015A06 15-6	
		035C05 355		015C05 155	
		035C06 356		015C06 156	
		035C07 357		015C07 157	
		035C08 358		015C08 158	
		035D15 3535		015D15 1515	
		035D16 3536		015D16 1516	

图 1-69 打开图形显示界面

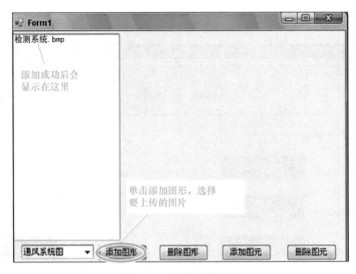

图 1-70　图形上传界面

　　第二步，图形添加成功后，单击"页面编辑"，选择"模拟图"，进入添加动态图界面，如图 1-71 所示。左边列表中选择要添加的图形，单击"编辑"进入动态图制作界面，即出现待编辑的动态图表，如图 1-72 所示。

　　第三步，单击工具上的相应图形进行动态图表编辑（Text 表示点号），可以对点号在图形上显示的颜色大小进行编辑。

　　编辑完成后保存并关闭。单击"模拟图显示"，选择"通风系统"可以显示模拟图，如图 1-73 所示。

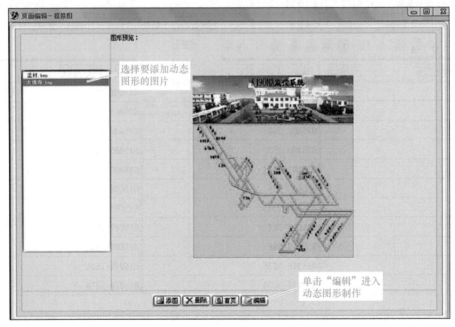

图 1-71　添加动态图界面

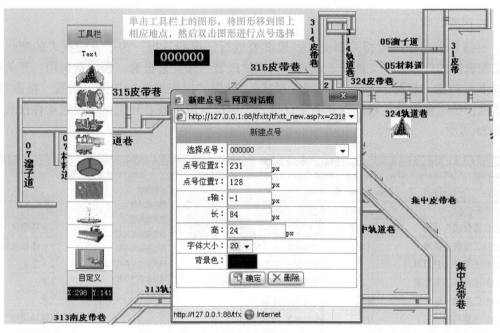

图 1-72　动态图制作界面

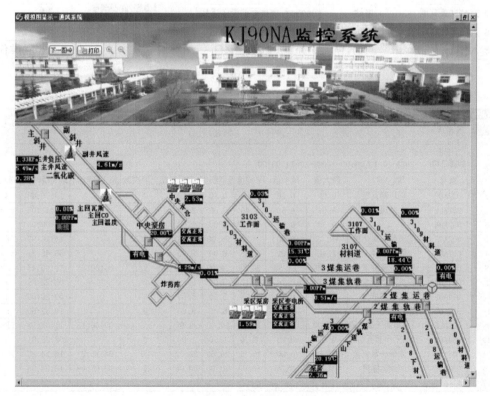

图 1-73　显示模拟图

五、报表打印和查询

1. 报表打印

根据各矿山企业的相关制度，一般都要进行日报和月报，为了方便报表的制作，系统监控软件的打印菜单支持报表编辑、模拟量报警、开关量报警、模拟量调用、开关量调用等多重功能，如图 1-74 所示（国标模式）。选择“报表编辑”功能，出现“报表系统”对话框，显示模拟量日报表、开关量日报表、模拟量班报表、开关量班报表 4 种报表，如图 1-75 所示。

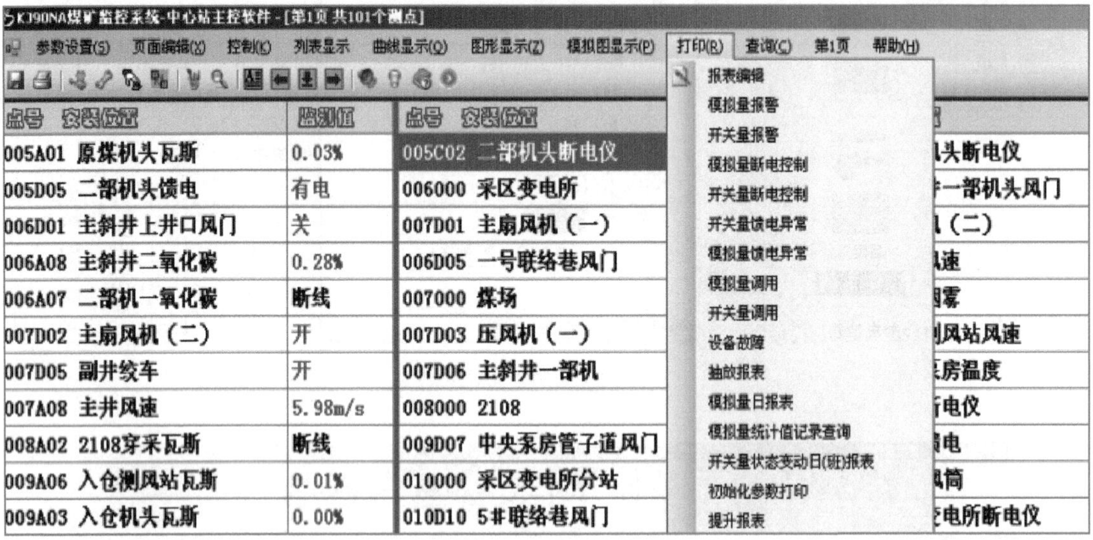

图 1-74 “打印”菜单栏

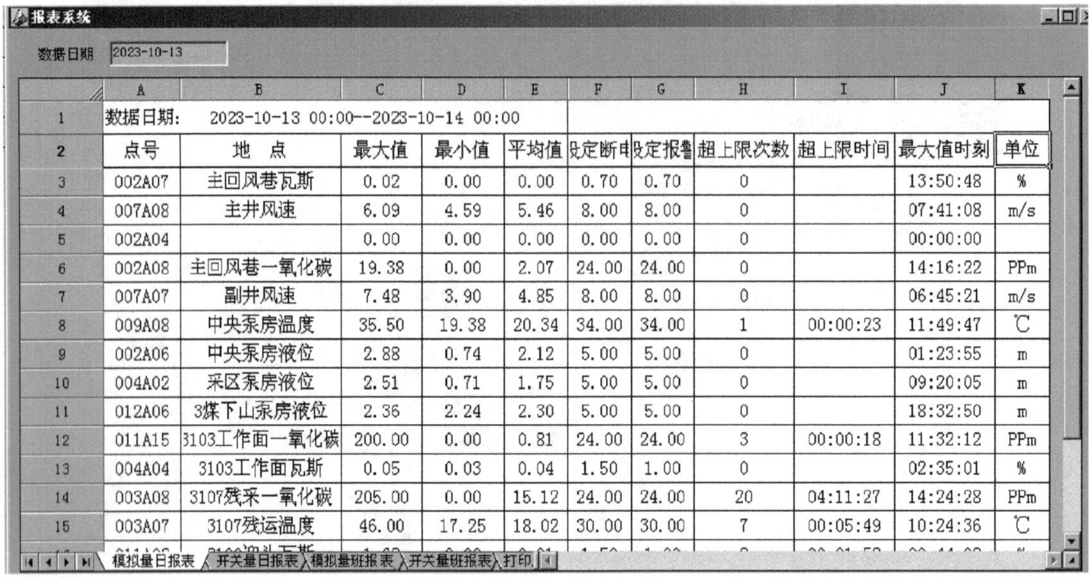
报表系统

数据日期 2023-10-13

	A	B	C	D	E	F	G	H	I	J	K
1	数据日期: 2023-10-13 00:00--2023-10-14 00:00										
2	点号	地 点	最大值	最小值	平均值	设定断电	设定报警	超上限次数	超上限时间	最大值时刻	单位
3	002A07	主回风巷瓦斯	0.02	0.00	0.00	0.70	0.70	0		13:50:48	%
4	007A08	主井风速	6.09	4.59	5.46	8.00	8.00	0		07:41:08	m/s
5	002A04		0.00	0.00	0.00	0.00	0.00	0		00:00:00	
6	002A08	主回风巷一氧化碳	19.38	0.00	2.07	24.00	24.00	0		14:16:22	PPm
7	007A07	副井风速	7.48	3.90	4.85	8.00	8.00	0		06:45:21	m/s
8	009A08	中央泵房温度	35.50	19.38	20.34	34.00	34.00	1	00:00:23	11:49:47	℃
9	002A06	中央泵房液位	2.88	0.74	2.12	5.00	5.00	0		01:23:55	m
10	004A02	采区泵房液位	2.51	0.71	1.75	5.00	5.00	0		09:20:05	m
11	012A06	3煤下山泵房液位	2.36	2.24	2.30	5.00	5.00	0		18:32:50	m
12	011A15	3103工作面一氧化碳	200.00	0.00	0.81	24.00	24.00	3	00:00:18	11:32:12	PPm
13	004A04	3103工作面瓦斯	0.05	0.03	0.04	1.50	1.00	0		02:35:01	%
14	003A08	3107残采一氧化碳	205.00	0.00	15.12	24.00	24.00	20	04:11:27	14:24:28	PPm
15	003A07	3107残运温度	46.00	17.25	18.02	30.00	30.00	7	00:05:49	10:24:36	℃

模拟量日报表 开关量日报表 模拟量班报表 开关量班报表 打印

图 1-75 “报表系统”对话框

打开"报表系统"对话框，系统默认打开的是"模拟量日报表"栏。在模拟量日报表中，第一行为选定的数据日期，第二行为"点号""地点""最大值""最小值""平均值""设定断电""设定报警""超上限次数""超上限时间""最大值时刻"和"单位"等 11 个选项。

制作模拟量日报表时，首先需要选定数据日期，然后在"点号"列表中输入需监测的点号或单击"更新测点号"，进入"点号编辑框"对话框，进行模拟量日报表测点号的增加和删除操作。然后单击"保存"，完成该模拟量日报表的设置。

报表确定后，将得到供用户选择的数据文件选择框，用户只需在此选择框中选定要查询的文件名，单击"打印"，即可实现对该报表的打印操作。

同样步骤，可实现对"开关量日报表""模拟量班报表"和"开关量班报表"的打印。要实现对"模拟量报警""开关量报警"和"抽放报表"等的打印，单击"打印"，选择要打印的报表即可。

注意：报表打印必须先安装 CellCtrl（用友华表控件）；控件安装完成后需对报表模板进行修改。打开 KJ2008 文件夹，找到 report.cll 文件，打开报表模板，如图 1-76 所示。

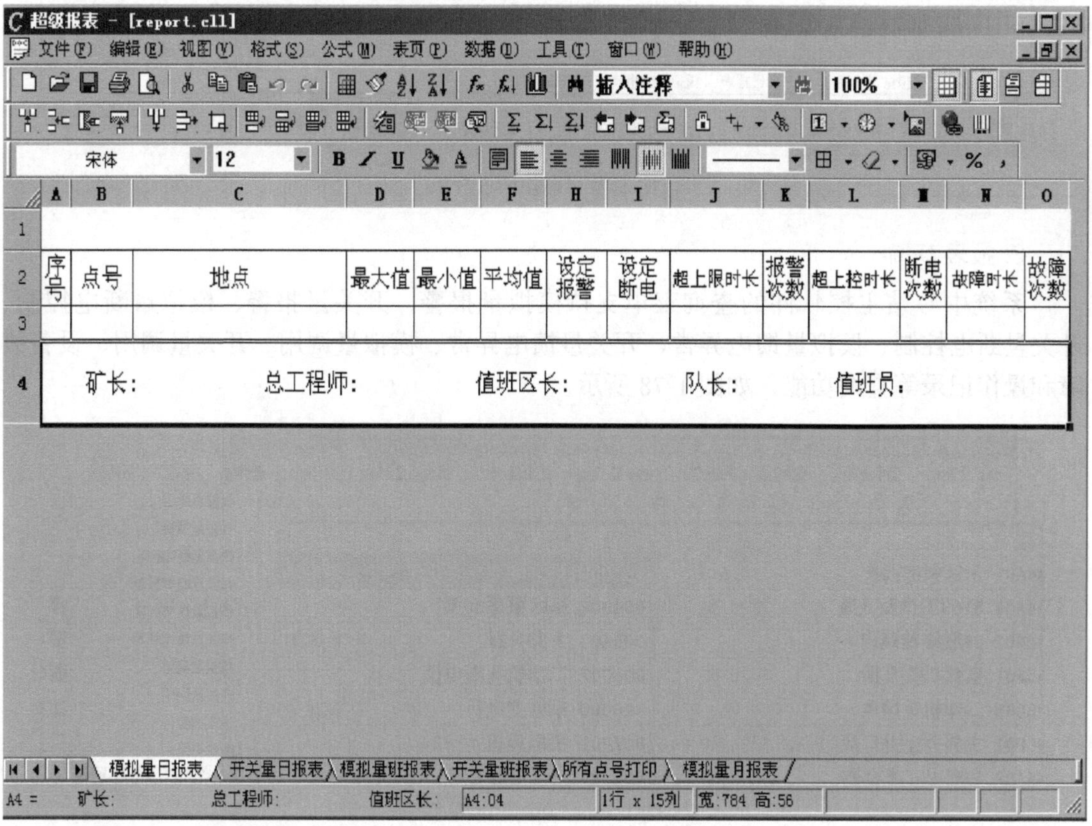

图 1-76　打开报表模板

单击"更新测点"（增加要打印的点数据），如图 1-77 所示。保存后退出，重新双击打开 KJ2008 文件夹中的 report.cll 文件  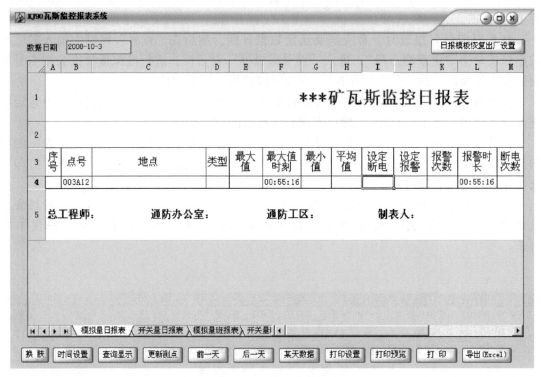，再修改矿名等信息进行打印。

图 1-77　增加的点数据

2. 报表查询

系统中心站主控软件的查询菜单支持模拟量报警、开关量报警、模拟量断电控制、开关量断电控制、模拟量馈电异常、开关量馈电异常、模拟量调用、开关量调用、设备故障和操作记录等查询功能，如图 1-78 所示。

图 1-78　"查询"菜单栏

单击"查询"，选择"模拟量报警"，打开"查询–模拟量报警"对话框，如图 1-79所示。

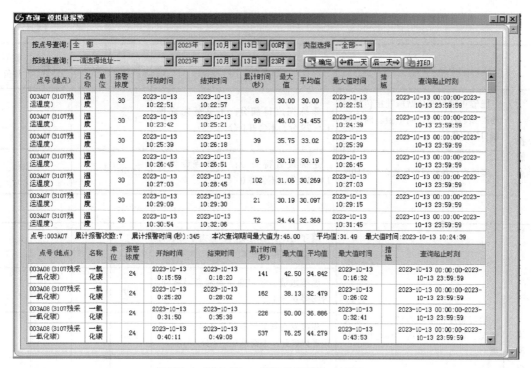

图 1-79 "查询 – 模拟量报警"对话框

操作时，有"按点号查询"和"按地址查询"两种方式，通过下拉菜单选择要查询的模拟量测点号和地址，系统将自动从数据库中调取数据填入图表中供用户查询。选择要查询的日期，单击"确定"即可查询。

屏幕将按照选定的"点号（地址）"显示"报警浓度""开始时间""结束时间"等项目。如果要对当前的查询结果进行打印，单击"打印"即可。同样地，可实现对其他数据和记录的查询。

 任务考核

"中心站主控软件的使用及操作"学习评价考核表见表 1-8。

表 1-8 "中心站主控软件的使用及操作"学习评价考核表

考核项目		考核标准	配分	自评	互评	教师评价
知识点	熟知中心站主控软件的作用	完整说出得满分，每少说一条扣 2 分	10 分			
	小计		10 分			
技能点	能够正确完成分站定义	熟练完成得满分；不熟练完成 1 ~ 19 分；不会得 0 分	20 分			

（续）

考核项目		考核标准	配分	自评	互评	教师评价
技能点	能够正确完成分站所挂接传感器的类型、报警值、断电值、断电控制口的定义	熟练完成得满分；不熟练完成得1～29分；不会得0分	30分			
	能够进行各种报表的查询与打印	正确设置得满分；不熟练设置得1～14分；不会得0分	15分			
	小计		65分			
素质点	学习态度、学习习惯、发表意见情况、相互协作情况、参与度和结果	遵守纪律、态度端正、努力学习者得满分，否则得0～4分	5分			
		思维敏捷、学习热情高涨者得满分，否则得0～4分	5分			
		积极发表意见、有创新意见、意见采用者得满分，否则得0～4分	5分			
		相互协作、团结一致者得满分，否则得0～4分	5分			
		积极参与、结果正确者得满分，否则得0～4分	5分			
	小计		25分			
合计			100分			

注：1. 技能考核为20min，每提前1min完成奖励1分，最多奖励5分；

2. 安全文明规范操作，可增加奖励分5分。

项目二

井下人员定位系统的建设

事故案例

事故概况： 2019年11月18日13时50分，某煤业有限公司一工作面发生一起瓦斯爆炸事故。经核实，事故发生时有34人在井下。2019年11月19日2时，抢险救援工作结束，事故共造成15人遇难、9人受伤。

事故发生的主要原因： 该矿为乡镇煤矿，生产能力120万吨／年，属低瓦斯矿井。初步分析，该矿违规布置炮采工作面开采区段煤柱，采用局部通风机通风，放炮导通采空区，导致采空区瓦斯大量溢出，遇火花发生瓦斯爆炸。事故原因除违法决策开采区段煤柱、违规多区域分片承包等因素外，还有安全设备使用不到位，如，关键位置不安装监控摄像头、人员定位系统形同虚设、图实不符等，导致了地面监管人员无法实时了解井下作业人员的工作情况及所处环境，无法在第一时间做出决策。

事故反思： 煤矿企业必须按照《煤矿安全规程》《煤矿井下作业人员管理系统使用与管理规范》（AQ1048—2007）和《煤矿井下作业人员管理系统通用技术条件》（AQ6210—2021）等规定，正确安装、使用、维护与管理系统，发挥井下人员定位系统在定员管理和应急救援工作中的作用。

项目描述

井下人员定位系统是煤矿井下安全避险"六大系统"之一，又称井下作业人员管理系统。在对井下人员、车辆、移动设备等的定位管理和应急救援工作中发挥重要作用。

本项目以认识井下人员定位系统为目的，介绍井下人员定位系统的组成、工作原理、相关规定与要求，以及系统的安装、使用与维护等相关知识。以KJ236矿井人员定位系统为例，使学生认识并掌握井下人员定位系统设置的方法和信息查询。

任务一 初识井下人员定位系统

任务描述

本任务全面学习井下人员定位系统，围绕井下人员定位系统的组成、特点与功能、无线技术、工作原理、技术指标等内容展开。以 KJ236 矿井人员定位系统为例，进一步理解并掌握井下人员定位系统的监测及管理功能，从而全面认识井下人员定位系统。本任务的重点是掌握人员定位系统组成、工作原理及技术指标。

相关知识

一、井下人员定位系统的组成

矿井人员定位系统是一种集无线数据传输、信息采集与网络传输、自动控制等技术为一体的动态目标监控定位系统。该系统可以实时观察动态目标的移动情况、查询目标的历史数据、确定动态目标的当前位置等。

煤矿井下环境特殊，无线电信号传输衰减大，GPS 信号不能覆盖煤矿井下巷道。目前，煤矿井下人员定位系统主要采用 RFID 技术，部分系统采用漏泄电缆、WiFi、ZigBee 等技术。井下人员定位系统除具有人员位置监测功能外，还具有单向或双向紧急呼叫等功能。

井下人员定位系统由硬件和软件两大部分组成，如图 2-1 所示。

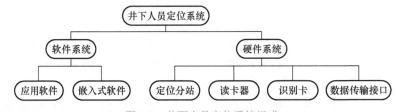

图 2-1　井下人员定位系统组成

1. 硬件系统

（1）定位分站　定位分站由人员信息采集处理板、人员信息传输处理板、隔爆电源、备用电池嵌入式软件等组成，其主要功能是完成对人员识别编码输出信号的监测、识别、采集、处理和与地面后台计算机的双向通信及供电等。

（2）读卡器　读卡器也称动态目标识别器，其上有发射天线与接收天线。一方面用于发射无线电信号以激活及检测识别卡，另一方面用于接收识别卡发出的无线电信号。

（3）识别卡　识别卡由嵌入式处理器及其软件、卡内发射和接收天线、收发电路和高能电池组成。识别卡平时处于睡眠状态，当进入系统工作区后，被读卡器发射天线发射的无线电信号激活，将唯一的加密识别码无线电信号传输给定位分站。卡内高能电池为识别卡正常工作提供能量，卡内电池可使用 3 年以上，电池可更换，具有低电量指示灯报警功能。

（4）数据传输接口　数据传输接口主要由电源板、信号转换板及安全栅组成，完成通信信号的转换和本安与非本安运行环境的隔离。

2. 软件系统

井下人员定位系统软件可实现对井下人员的跟踪定位，信息的采集、分析、处理，实时显示，数据库存储和报表打印等功能。

二、井下人员定位系统的特点与功能

井下人员定位系统也称为井下人员位置监测系统和井下作业人员管理系统。该系统主要监测井下人员位置情况，可按时间、区域等条件，查询和统计井下人员的分布、数量及活动轨迹等信息，并对异常情况实时报警，在发生险情时发送求救与撤离等信号。

井下人员定位系统在主、副井井口及井下配置多功能定位分站和读卡器，下井人员携带识别卡，识别卡通过发射射频信号将预置的身份号码数据发送给读卡器，读卡器通过井下无线网络与地面监控中心通信，将信息传送到井下人员定位系统服务器。多功能定位分站为读卡器提供不间断电源。

通过井下全面覆盖的无线网络，实现井下人员的精确定位；具备环境感知功能，可把作业现场的气体数据和指挥中心发布的紧急信息实时的传输到员工的智能矿灯。

井下人员定位系统配置应用软件，实现对井下人员的位置、出 / 入井时刻、出 / 入重点区域和限制区域时刻、工作时间、活动路线、井下和重点区域人员数量等情况的监测和管理等。

其主要功能如下：

1. 跟踪定位

能对井下人员、机车、移动设备等实现信号覆盖区域精确定位及双向呼叫功能。

2. 井下人员安全管理功能

系统能够用不同标识、模拟图形或颜色、数据等，动态、实时地显示井下各类人员状况和分布情况，并能动态、实时地显示井下人员的当班活动模拟轨迹，在定位分站连续布置的区域可以实现人员的精确定位。

3. 紧急信息回传功能

当井下出现紧急情况时，井下的矿工可以用跟踪器向井上调度指挥中心发出呼救信号。

4. 井口唯一性检测和考勤功能

定位分站具有识别卡唯一性检测功能，能有效防止一人带多卡、带错卡、漏卡、卡故障等问题，并具有精确的验卡、考勤功能。系统识别卡的感应距离可调整，当下井人员通过井口定位（考勤）分站时，定位分站自动检测识别卡的好坏及电量使用情况，同时完成一对一考勤工作。

5. 历史数据的记录与查询

井下人员定位系统可对矿井目标定位、目标跟踪、人员呼叫、考勤统计、安全监测管理、系统运行管理等信息进行至少 12 个月的长期保存，并可方便地查询历史记录。

6. 网络化与信息共享

井下人员定位系统具有组网扩展功能，可以通过总调联网功能，实现矿井人员定位安全管理信息的充分共享。

三、井下人员定位系统无线技术

1. 射频识别技术（RFID）

RFID 是射频识别技术英文 Radio Frequency Identification 的缩写，是 20 世纪 90 年代兴起的一种自动识别技术。射频识别技术是一项利用射频信号通过空间耦合（交变磁场或电磁场）实现无接触信息传递，并通过所传递的信息达到识别目的的技术。

RFID 系统包括读卡器和识别卡（也称射频卡）两个核心部分。读卡器通过发射天线发送一定频率的射频信号，识别卡进入磁场后，如果接收到读卡器发出的特殊射频信号，识别卡获得能量被激活。识别卡将自身编码等信息通过卡内置的发送天线发出，读卡器接收天线接收到从识别卡发送来的载波信号，经天线调谐器传送到读卡器，读卡器对接收的信号进行解调和解码，然后送到后台主系统进行相关处理。

射频识别技术的优点是不局限于视线，识别距离比光学字符系统远，识别卡具有读写能力、可携带大量数据、难以伪造和智能性较高等特点。射频识别技术的最大优点在于非接触性，因此完成识别工作时无须人工干预，能够实现自动化且不易损坏，可识别高速运动的识别卡，操作快捷方便。射频识别技术的缺点是识别卡成本相对较高。

2. 2.4G 无线通信技术

2.4G 无线通信技术是一种短距离无线传输技术，属于免授权免费使用的频段，如无绳电话、蓝牙都是采用的这个频段（2.4G 是指它的工作频率为 2400MHz ～ 2483MHz）。2.4G 无线通信技术接收端和发射端之间并不需要连续性工作，从而大大降低了功耗、延长电池续航时间。2.4G 无线通信技术还采用了自动调频技术，接收端和发射端能够找到可用频段。此外，更重要的是 2.4G RF（射频）无线技术为双向传输模式，传播距离远、传输速率高，传播路径主要为反射方式，存在多径效应、电波穿透力较差等特点。煤矿井下使用的人员定位系统无线通信频率采用最多的是 2.4GHz。

3. 2.4G 直序扩频无线通信技术

2.4G 直序扩频无线通信技术与 2.4G 无线通信技术相比，其抗干扰能力、传输速率、安全性能等方面都更加优越。采用直序扩频无线技术的有 WiFi 通信、ZigBee 通信、专用通信芯片技术等。WiFi 通信主要用于无线以太网，ZigBee 通信主要用于无线传感器网络，专用通信芯片技术使用于各种特殊应用。

直序扩频（DSSS）是直接利用具有高码率的扩频码系列，采用各种调制方式在发射端扩展信号的频谱，而在接收端用相同的扩频码序去进行解码，把宽的扩频信号还原成原始的信息，如图 2-2 所示。直序扩频方式的工作原理是直接用伪噪声序列对载波进行调制，要传送的数据信息需要经过信道编码后，与伪噪声序列进行模 2 和生成复合码去调制载波。接收机在收到发射信号后，首先通过伪码同步捕获电路来捕获发送来到伪码精确相位，并由此产生跟发送端的伪码相位完全一致的伪码相位，作为本地解扩信号，以便能够及时恢复出数据信息，完成整个直扩通信系统的信号接收。

扩 1 ⟶ 11000100110　　解 11000100110 ⟶ 1
频 0 ⟶ 00110010110　　码 00110010110 ⟶ 0

图 2-2　直序扩频技术扩频与解码示意图

四、井下人员定位系统工作原理

定位分站的无线收发数据板将低频的加密数据载波信号经读卡器发射天线向外发送；人员随身携带的识别卡进入低频的发射天线工作区域后被激活（未进入发射天线工作区域的识别卡不工作），同时将加密的、载有目标识别码的信息经卡内高频发射天线发射出去；读卡器接收天线接收到标识卡发来的载波信号，经分站主板接收处理后，提取出目标识别码，通过 DPSK 或 RS485 远距离通信线送地面监控计算机，完成矿井人员自动跟踪定位管理。

井下人员定位系统网络构架原理图如图 2-3 所示，其工作原理示意图如图 2-4 所示。

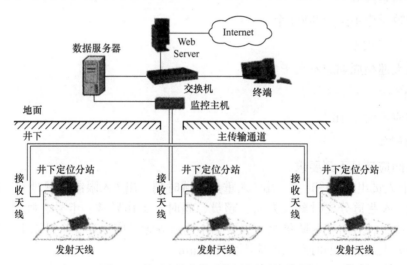

图 2-3　井下人员定位系统网络构架原理图

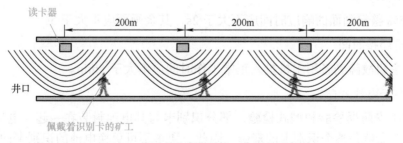

图 2-4　井下人员定位系统工作原理示意图

五、井下人员定位系统的技术指标

1. 最大位移速度

识别卡位移速度是指识别卡在被正确识别的情况下具有的最大速度。煤矿井下作业人员识别卡的位移速度不得小于 5m/s。

2. 并发识别数量

并发识别数量是指携卡人员以最大位移速度同时通过识别区时，系统能正确识别的最大数量。煤矿井下作业人员识别卡的并发识别数量不得小于 80 个。

3. 漏读率

漏读率是指携卡人员以最大位移速度和最大并发识别数量通过识别区域时，系统漏读和误读的最大数量与通过识别区域的识别卡总数的比值。系统漏读率不得大于 10^{-4}。

4. 最大传输距离

识别卡与定位分站之间的无线传输距离不小于 10m。定位分站至传输接口之间最大传输距离应不小于 10km；定位分站至传输接口之间可串入可靠的中继器（或类似产品），但所串的中继器最多不超过 2 台。

5. 最大监控容量

识别卡数量应不少于 8000 个。

6. 最大巡检周期

系统最大巡检周期应不大于 30s。

7. 误码率

误码率应不大于 10^{-8}。

8. 存储时间

存储时间应满足下列要求：

1）携卡人员出 / 入井时刻、出 / 入重点区域时刻、出 / 入限制区域时刻、进入识别区域时刻、出 / 入巷道分支时刻及方向、超员、超时、工作异常、卡号、姓名、身份证号、年龄、职务或工种、所在区队班组、主要工作地点等记录应保存 3 个月以上，当主机发生故障时，丢失上述信息的时间长度应不大于 5min。

2）分站存储数据时间应不少于 2h。

9. 画面响应时间

调出 85% 整幅画面的响应时间应不大于 2s，其余画面应不大于 5s。

10. 双机切换时间

从工作主机故障到备用主机投入正常工作时间应不大于 5min。

11. 识别卡电池寿命

为通过本安防爆检验和型式检验，部分识别卡与其电池封装在一起，电池不可更换，因此，电池寿命就是整个识别卡的寿命。因此，要求不可更换电池的识别卡的电池寿命应不小于 2 年，可更换电池识别卡的电池寿命应不少于 6 个月。

12. 识别卡电池工作时间

为满足煤矿井下灾害事故应急救援的需求，并考虑目前识别卡功耗情况及其电池有关技术和产品现状，要求可充电电池的识别卡每次充电能保证识别卡连续工作时间不小于 7d。

13. 备用电源工作时间

在电网停电后，备用电源应能保证系统连续工作时间不少于 2h。

14. 远程本安供电距离

远程本安供电距离应不小于 2km。

KJ236 井下人员定位系统认识

KJ236 井下人员定位系统采用 ZigBee 2.4GHz 无线通信、无线组网、CAN 总线、以太网等技术，结合数据库技术、软件技术、图形处理技术，集井下人员考勤管理、实时移动定位、安全警示报警监测、应急快速搜寻、瓦斯巡检移动立体化监测等功能于一体，为用户提供了丰富的数据、图表、打印信息，让用户迅速了解井下人员的当前位置分布情况、行走路径，提高对井下人员的监测和调度，增强发生事故时井下人员的快速反应能力，对改善煤矿的安全生产管理有着重要的现实意义。

一、系统组成

KJ236 井下人员定位系统由定位设备系统和定位软件系统组成。定位设备系统由数据传输接口、避雷器、多功能定位分站、无线读卡器、无线编码器等组成。定位软件系统由监测定位软件、考勤信息录入软件、B/S 终端软件等组成，如图 2-5 所示。

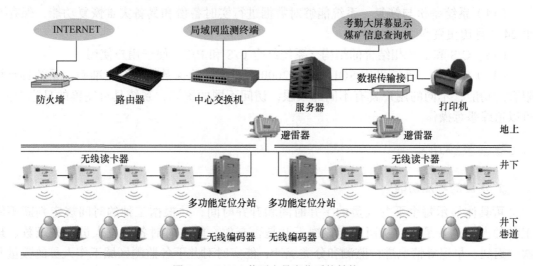

图 2-5　KJ236 井下人员定位系统结构

二、系统特点

（1）系统容量　可配接 64 台多功能定位分站，每台多功能定位分站可连接 4 ～ 8 台无线读卡器，最多可连接 256 台无线读卡器，可以识别 65535 个识别卡。

（2）信息传输　数据传输接口与多功能定位分站之间采用光纤或者 CAN 总线传输，最大通信距离不小于 10km，传输速率 5000bit/s，误码率≤10^{-9}，巡检时间≤30s；多功能定位分站与无线读卡器之间采用 CAN 总线传输，最大通信距离不小于 2km，传输速率 5000bit/s，误码率≤10^{-9}。

（3）传输介质　数据传输接口与多功能定位分站之间采用光纤或者电缆，多功能定位分站与无线读卡器采用电缆传输。

（4）并发识别数量　并发识别数量不少于 200 张。

（5）抗干扰性　系统采用 ZigBee 2.4GHz 直序扩频通信技术，抗干扰能力强、识别速度快、漏卡少。

（6）唯一性　在入井验身处安装检卡设备，可以检测识别卡是否正常工作，可以检测一人是否携带多个识别卡，确保员工的利益。

（7）无线距离　无线读卡器与识别卡的通信距离（空间无障碍）≤60m。

（8）识别卡电池寿命　识别卡功耗低，采用纽扣式电池供电，可以更换。一般情况下，识别卡电池使用寿命不少于 1 年。

（9）识别卡安装形式　一种是人员配备，一种是车辆配备。

（10）被测目标无负担　系统能够自动识别携带识别卡的人员，而携带识别卡的人员无需任何操作。

（11）有效监管　合理布置无线读卡器，系统能够确定携带识别卡人员的流向及位置，实现对重要监控地点和区域人员的有效监督和管理。

（12）无线自组网　无线读卡器及多功能定位分站具有无线通信、无线路由、无线自组网的功能，抗干扰能力强，安全、可靠，传输速度快。

（13）画面响应时间　调出 85% 整幅画面的响应时间不大于 2s，其余画面不大于 5s。

（14）系统备份与恢复　系统能够对数据进行实时备份和具备灾难恢复功能，保存至少 24 个月历史资料。

（15）C/S 和 B/S 相结合的结构　系统结合 C/S 和 B/S，便于用户使用。

（16）安全性　系统采用 SQL Server2000 数据库，确保数据安全、准确，系统具有权限管理功能，不同的用户具有不同的权限，访问不同的资源，系统具有完善的日志功能，可以追踪恶意操作。

三、系统功能

1. 丰富的考勤功能

可具体显示每个下井人员的下井时间和升井时间，并根据工种的时间规定判断不同工种的人员是否足班，从而确定该次下井是否有效。能实时对各单位人员下井班数、班次、迟到、早退等情况进行监测和分类统计；能实时对井下各监测区域工作人员的数量和分布情况进行分类统计；能自动汇总、存储、实时查询、分类统计并自动生成工资报表和打印报表。各种报表可导出 Excel 报表，考勤数据可供财务部门直接调用，同时可根据煤矿工资科、调度室等部门提出的软件需求，进行软件设计并按期完成。

2. 信息录入功能

系统具有单位部门和人员信息的录入、修改、删除，以及煤矿班次定义、班次灵活分配等功能。

3. 报警功能

对于指定的禁区，如果有人员进入，能实时报警，并将报警信息以语音提示、弹出窗口、图形闪烁等多种方式进行展现。通过设定相应工种的下井时间，能对超过时间的人员发出报警，并给出相关人员的信息。可以接收识别卡的报警信号，同时可以向识别卡发出报警信号。

4. 人员轨迹和信息查询功能

可查询当前人员的数量及分布情况；查找任一指定人员在某个时间段内的活动，并画出实际的行走轨迹。

5. 丰富的地图功能

具有放大、缩小、移动、标尺测距、视野控制、中心移动、图层控制、地图打印等功能；具有矢量图管理功能；能够对工程图进行矢量化和编辑矢量图属性；具有放大、缩小和移动功能，并能在矢量图上定位并显示人员的准确位置和基本信息（姓名、性别、年龄、单位、职务、通信电话等）。

6. 图形绘制功能

系统提供的图形编辑软件能制作矢量图形，并且可导入 AutoCAD 格式的图形；绘制的图形在配套的监测 B/S 终端上可实时刷新显示，图形具有放大、缩小、移动等功能。

7. 紧急求救功能

发生紧急事件时，矿工通过佩戴的识别卡可主动发出求救信号，系统可以及时、准确地发现紧急情况，最大程度上保证救援工作的及时性。

8. 紧急广播功能

紧急情况发生时，调度室能够对相关区域或者整个矿井发出广播报警信号，将信息快速地传达到现场，有效地保证指挥的统一性和行动的一致性。

9. 双机热备功能

系统采用先进的实时唤醒技术，当主机故障时，备用机自动转换成主机，继续工作，保证系统可靠、稳定地运行。

10. 组网扩展功能

系统能够与煤矿管理网互联互通，实现信息的分级上报或远程查询和管理；提供标准 OPC 接口，便于与其他应用系统交换数据。

11. 大屏幕显示

系统支持大屏幕显示，实时显示监控软件定制的矢量图形、数据、表格以及煤矿的其他文字、图表信息。

12. "三防"功能

识别卡具有"防尘、防水、防撞击"的特性，能够适应恶劣的井下环境，从而保证识别卡的正常使用，减少维护。

13. 备用电源功能

多功能定位分站具有备用电池，停电后多功能定位分站和无线读卡器可连续工作 4h以上，保证存储数据不丢失。

14. 电压不足提示功能

当识别卡的电池电压不足时，系统发出报警信息，指示出识别卡的编号、姓名等信息，提醒更换电池。当识别卡的电池电压不足时，可以继续工作 7 天以上。

15. 无线读卡器的存储功能

当传输系统或者主机发生故障时，无线读卡器可以存储 1000 个识别卡的信息。

16. 瓦斯巡检

系统可以读取无线甲烷便携仪及无线多参数便携仪的数据，可以动态了解井下多种气体的分布数据，确保瓦检员按照指定路线监测井下有害气体。

四、系统主要设备技术参数

1. KJ236-J 型数据传输接口

KJ236-J 型数据传输接口如图 2-6 所示，具有 RJ45 以太网接口、CAN 总线接口、光纤接口、RS485 总线接口，2 路 RS232 接口可实现在线自动切换。

工作电压：220V。

工作电流：≤50mA。

防护等级：不低于 IP20，其外壳可采用机架式。

工作条件：环境温度 0 ～ 40℃。

相对湿度：≤95%。

环境压力：80 ～ 106kPa。

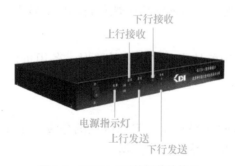

图 2-6　KJ236-J 型数据传输接口

2. JA-DZ02-20 型信号避雷器

JA-DZ02-20 型信号避雷器如图 2-7 所示。当系统采用电缆与井下设备进行数据传输，而且电缆架空敷设时，必须在机房和井口安装避雷器，以防止雷电或者过电压造成危害，损坏设备。避雷器必须可靠接地，接地电阻小于 4Ω。

3. KJ236-F 矿用多功能定位分站

KJ236-F 矿用多功能定位分站如图 2-8 所示，具有无线通信、无线路由、无线自组网的功能，符合 ZigBee 协议标准，抗干扰能力强、传输距离远、传输速度快、灵活方便，可以任意组成星形网、树状网、网状网；具有 RJ45 以太网接口、CAN 总线接口。可同时连接 4 ～ 8 台无线读卡器，与无线读卡器之间采用 CAN 总线进行数据传输，传输速率 5000bit/s；具有备用电池，保证在电网停电时，系统还能正常工作 4h 以上；提供 4 路本安电源。

图 2-7　JA-DZ02-20 型信号避雷器

图 2-8　KJ236-F 矿用多功能定位分站

KJ236-F 矿用多功能定位分站为矿用隔爆兼本质安全型，防爆标志为 Exd[ib]I，适用于含煤尘和瓦斯等爆炸型气体环境中。

工作电压：AC 127V/380V/660V。

工作条件：环境温度 –5 ～ 40℃。

相对湿度：≤95%。

环境压力：80 ～ 106kPa。

4. KJ236-D 型无线读卡器

KJ236-D 型无线读卡器如图 2-9 所示。无线读卡器安装于地面或者井下巷道，连接在矿用多功能定位分站上，与矿用多功能定位分站之间采用 CAN 总线进行数据传输，传输速率 5000bit/s，最大距离不小于 2km。无线读卡器不影响人员的正常通行方式，有效接收距离不小于 60m，被测目标运动速度不大于 20m/s，可同时识别 200 个以上的识别卡。当无线读卡器与主机通信故障时，读卡器能够存储 2h 以上的数据或者 1000 个识别卡的信息。通信恢复正常后，可以将存储的数据传送给主机。

图 2-9　KJ236-D 型无线读卡器

无线读卡器具有无线通信、无线路由、无线自组网的功能，符合 ZigBee 协议标准、抗干扰能力强、传输距离远、传输速度快、灵活方便，可以任意组成星形网、树状网、网状网。

KJ236-D 型矿用无线读卡器为本质安全型，其防爆标志为 [Exib]I。

防护等级：不低于 IP54。

漏读率：不大于 10^{-8}。

工作电压：DC 18V。

最大工作电流：<65mA。

工作条件：环境温度 –5 ～ 40℃。

相对湿度：≤95%。

环境压力：80 ～ 106kPa。

5. KJ236-K 型识别卡

KJ236-K 型识别卡如图 2-10 所示，采用 ZigBee 2.4GHz 直序扩频无线通信技术，抗干扰能力强、识别速度快、漏卡率低，没有对人体伤害的电磁污染，正常工作时不受环境变化的影响，可以全方位识别，被测目标无负担。KJ236-K 型识别卡采用纽扣式供电，可以更换。

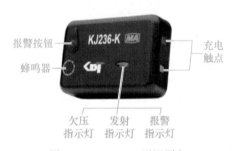

图 2-10　KJ236-K 型识别卡

KJ236-K 型识别卡具备多种携带方式，如车载式携带、矿灯灯绳式携带、腰带携带等，其中矿灯灯绳式携带方式具有防私自拆卸设计，需用专业工具方可拆卸；KJ236-K 型识别卡具有报警按钮，具有振动电动机，可实现双向报警。

KJ236-K 型识别卡为本质安全型，其防爆标志为 [Exib]I。

识别距离：开放空间不小于 60m。

防护等级：不低于 IP54。

工作电压：DC 2.6 ～ 3.0V。

使用寿命：不少于 5 年。

工作条件：环境温度 –5 ～ 40℃。

相对湿度：≤95%。

环境压力：80 ～ 106kPa。

6. KJ236-S 式移动读卡器

KJ236-S 式移动读卡器如图 2-11 所示，与 KJ236（A）煤矿人员管理系统配合使用，主要用于检测 KJ236-S 式移动读卡器周围 50m 范围内的识别卡，具有液晶显示器，可以显示识别卡的数量及识别卡的卡号。

图 2-11　KJ236-S 式移动读卡器

工作电压：DC 3.7V。

最大工作电流：<300mA。

工作条件：环境温度 –5 ～ 40℃。

相对湿度：≤75%。

环境压力：80 ～ 106kPa。

 任务考核

"初识井下人员定位系统"学习评价考核表见表 2-1。

表 2-1　"初识井下人员定位系统"学习评价考核表

	考核项目	考核标准	配分	自评	互评	教师评价
知识点	熟知井下人员定位系统作用	完整说出得满分，每少说一条扣 1 分	15 分			
	掌握井下人员定位系统硬件设备组成及功能	完整说出得满分，每少说一条扣 1 分	15 分			
	掌握井下人员定位系统的数据传输方式	完整说出得满分，每少说一条扣 1 分	15 分			
	小计		45 分			
技能点	能够查看系统说明书及相关资料，分析系统特点、硬件连接及跟踪定位功能等	熟练完成及分析正确得满分；不熟练完成得 1 ～ 29 分；不会得 0 分	30 分			
	小计		30 分			

（续）

考核项目		考核标准	配分	自评	互评	教师评价
素质点	学习态度、学习习惯、发表意见情况、相互协作情况、参与度和结果	遵守纪律、态度端正、努力学习者得满分，否则得 0～4 分	5分			
		思维敏捷、学习热情高涨者得满分，否则得 0～4 分	5分			
		积极发表意见、有创新意见、意见采用者得满分，否则得 0～4 分	5分			
		相互协作、团结一致者得满分，否则得 0～4 分	5分			
		积极参与、结果正确者得满分，否则得 0～4 分	5分			
小计			25分			
合计			100分			

注：技能考核为 20min，每提前 1min 完成奖励 1 分，最多奖励 5 分。

任务二　井下人员定位系统的设置

 任务描述

本任务主要讲述井下人员定位系统的安装要求以及系统安装、操作与维护方法等相关内容。通过对《煤矿安全规程》《煤矿安全生产监控系统通用技术条件》等标准的学习，明确人员定位系统的安装要求，熟悉系统各部分安装步骤及操作、维护过程中的注意事项。

相关知识

一、井下人员定位系统安装要求

1）系统及其软件、识别卡、定位分站、数据传输接口等应符合《煤矿井下作业人员管理系统通用技术条件》（AQ6210—2021）、《煤矿井下作业人员管理系统使用与管理规范》（AQ1048—2007）、《煤矿通信、检测、控制用电工电子产品通用技术要求》（MT 209—1990）、《煤矿安全生产监控系统通用技术条件》（MT/T 1004—2006）、《矿用分站》（MT/T 1005—2006）、《矿用信息传输接口》（MT/T 1007—2006）、《煤矿安全生产监控系统软件通用技术要求》（MT/T 1008—2006）、《煤矿安全监控系统通用技术要求》（AQ6201—2019）等标准的有关规定，系统中的其他设备应符合国家及行业有关标准的规定，并按照经规定程序批准的图样及文件制造和成套。

2）中心站及入井电缆的入井口处应有防雷措施。

3）帽卡式识别卡应通过国家有关部门的检测，并出具对人身健康无害的报告。

二、井下人员定位系统设置

1. 地面监控中心站设置

1）监控主机和数据接口的设置。安装过程中需注意给主机提供不间断电源、电源防雷和信号防雷。

2）机房中设备安装必须符合《煤矿安全规程》要求。

2. 传输平台设置

1）采用总线式电缆独立网络结构，网络线缆全部为电缆，主干电缆为两芯，支干电缆为四芯；电缆敷设和连接须符合《煤矿安全规程》要求，如信号电缆不能与动力电缆在同一帮壁吊挂。

2）采用总线式光纤独立网络结构，井下和地面通信均采用光纤传输，其余网络采用电缆传输。需注意：光缆敷设和井下光端机的放置要求须符合《煤矿安全规程》要求。

3）采用工业以太网环网结构，井下和地面采用交换机进行通信；通过交换机，系统分站就能直接接入环网与地面中心站通信；合理的光缆敷设和环网的选址，就能使整个网络的井下架构更加清晰；在其他系统挂接的情况下达到高质量信息化的要求。

3. 井下部分设备设置

（1）定位分站的设置要求

1）位置合理。

2）距离主网近。

3）读卡器线缆敷设方便。

4）取电方便。

5）尽量避免有漏水和易塌方的地点。

6）符合《煤矿安全规程》要求。

（2）读卡器设置区域要求

1）人员出 / 入井口。

2）重点区域出 / 入口。

3）限制区域出 / 入口。

4）避难硐室内、外。

（3）分站电源设置要求

1）为分站提供直流电源，断电后能提供 2h 的供电。

2）设在分站旁边。

3）必须接地，避免漏电发生。

三、井下人员定位系统使用与维护

1. 系统使用与维护

1）各个人员出 / 入井口、重点区域出 / 入口、限制区域等地点应设置分站，并能满

足监测携卡人员出 / 入井、出 / 入重点区域、出 / 入限制区域的要求。

2）巷道分支处应设置分站，并能满足监测携卡人员出 / 入方向的要求。

3）下井人员应携带识别卡。

4）识别卡严禁擅自拆开。

5）工作不正常的识别卡严禁使用。性能完好的识别卡总数至少比经常下井人员的总数多 10%。准备不固定专人使用的识别卡，使性能完好的识别卡总数至少比每班最多下井人数多 10%。

6）煤矿调度室应设置显示设备，显示井下人员位置等。

7）各个人员出 / 入井口应设置检测识别卡工作是否正常和唯一性的装置，并提示携卡人员本人及相关人员。

8）分站应设置在便于读卡、观察、调试、检验、围岩稳定、支护良好、无淋水、无杂物的位置。

9）设备使用前，应按产品使用说明书的要求调试设备，并在地面通电运行 24h，合格后方可使用。防爆设备应经检验合格，并贴合格证后，方可下井使用。

10）设备发生故障时，应及时处理，在故障期间应采用人工监测，并填写故障登记表。

11）安全监测工应 24h 值班，应每天检查设备及电缆，发现问题应及时处理，并将处理结果报中心站。

12）当电网停电后，备用电源不能保证设备连续工作 1h 时，应及时更换。

13）入井电缆的入井口处应具有防雷措施。

2. 系统技术资料

1）应建立设备、仪表台账，设备故障登记表，检修记录，巡检记录，中心站运行日志，监测日（班）报表和设备使用情况月报表等账卡及报表。

2）煤矿应绘制设备布置图，图上标明分站、电源、中心站等设备的位置、接线、传输电缆和供电电缆等，根据实际布置及时修改，并报煤矿技术负责人审批。

3）中心站应每 3 个月对数据进行备份，备份数据应保存 1 年以上。

4）图样、技术资料应保存 1 年以上。

识读井下人员定位系统图

1. 任务要求

能够识读矿井巷道分布情况及系统设备布置情况。

2. 任务资料

某矿人员定位系统设备布局图如图 2-12（见书后插页）所示。

 任务考核

"井下人员定位系统的设置"学习评价考核表见表2-2。

表2-2　"井下人员定位系统的设置"学习评价考核表

	考核项目	考核标准	配分	自评	互评	教师评价
知识点	认识系统主要电气设备并知道其作用	完整说出得满分，每少说一条扣2分	15分			
	系统设置要求	完整说出得满分，每说错一条扣2分	10分			
	小计		25分			
技能点	识读井下巷道分布情况	熟练确定得满分；不熟练确定得1～19分；不会得0分	20分			
	识读系统设备布置情况	熟练确定得满分；不熟练确定得1～29分；不会得0分	30分			
	小计		50分			
素质点	学习态度、学习习惯、发表意见情况、相互协作情况、参与度和结果	遵守纪律、态度端正、努力学习者得满分，否则得0～4分	5分			
		思维敏捷、学习热情高涨者得满分，否则得0～4分	5分			
		积极发表意见、有创新意见、意见采用者得满分，否则得0～4分	5分			
		相互协作、团结一致者得满分，否则得0～4分	5分			
		积极参与、结果正确者得满分，否则得0～4分	5分			
	小计		25分			
合计			100分			

注：技能考核为20min，每提前1min完成奖励1分，最多奖励5分。

任务三　井下人员定位系统软件的应用与操作

任务描述

　　本任务以KJ236井下人员定位系统为例，主要学习井下人员定位系统的软件设置，包括软件界面各级菜单的认识、功能设置与操作演示，通过软件操作加深对井下人员定位系统相关理论知识的理解，提高实践技能。

相关知识

KJ236 井下人员定位系统主要包括 7 个功能模块，见表 2-3。

表 2-3　功能模块介绍

功能模块	内容
系统管理	煤矿设置、区域设置、分站设置、通信设置、报警设置和退出
动目标实时监测	人员当前位置查询、下发/取消报警查询、显示读卡器实时信息和读卡器故障显示
图形操作	加载巷道分布图、编辑分布图、图形另存为、图形打印、全图显示、放大、缩小、平移和导出图片
考勤统计信息录入	用户/权限的分配，部门、班次、人员基本信息的录入，考勤及各类报表
用户管理	不同的用户对应不同权限，可切换匹配
查看	显示读卡器列表、显示报警窗口、工具栏、滚动字幕和状态栏
通信	实时的通信数据

KJ236 井下人员定位系统主界面如图 2-13 所示。

图 2-13　系统主界面

软件主界面中，树形窗口显示了井下定义的所有区域名称、区域内包含读卡器以及当前井下人员分布状况；属性页标签显示动目标图形监测、动目标列表显示、读卡器状态；状态条显示读卡器通信状况和当前登录用户；滚动字幕显示各单位当前井下人员数目；工具条的各项功能从左到右依次为全图显示、图形放大、图形缩小、移动图形、选择方式、添加读卡器、导出图片和轨迹回放。

一、属性页标签

属性页标签主要包括三个方面的内容：动目标图形监测、动目标列表显示、读卡器状态。

1）在动目标图形监测选项卡中选择"显示读卡器实时信息"，当鼠标指针滑过地图上的读卡器图标时，读卡器所捕获到的人员信息就会以非模态对话框的形式显示出来，如图2-14所示。

图2-14 动目标图形监测

2）动目标列表显示选项卡中显示某一查询时刻，所选部门在选定区域内的人员详细情况，包括查询出的总人数、报警人数、电池状况、超时人数等，如图2-15所示。

3）读卡器状态选项卡中显示当前读卡器通信状况的详细信息，包括通信是否正常，是否参加扫描、通信端口等，如图2-16所示。

二、树形窗口

1. 树形窗口界面

树形窗口包含3部分内容：区域名称（如南副井井口），包括该区域内人员数量（如在线33，离线0）；安装读卡器的详细位置和读卡器编号（如南副井井口 |010A）；该区域内详细人员姓名和佩戴的识别卡号码（如刘永清0804），如图2-17所示。

| 动目标图形监测 | 动目标列表显示 | 读卡器状态 | | | | | | | | | |

选择读卡　　区域 [南副井井底 ▼] 读卡器 [所有读卡器 ▼]　　选择员工　　部门 [所有部门 ▼] 员工 [所有员工 ▼]

共有71人:其中0人报警, 4人电量不足, 37人离线, 71人超时。　　查询时刻:03月20日 21:34:42

姓名	编码器	区域	所在读卡器	经过时间	在线状态	部门名称	工种	班次	下井时间	持续时间(小时)	是否超时
宋传奇	0810	南副井井底	南副井井...	01 05:34:36	离线	机运...	司机	大班	01 05:27:33	1144.1	超时
孔祥余	0972	南副井井底	南副井井...	31 18:56:08	离线	采煤...	副队长	大班	31 14:18:28	1159.3	超时
梁克明	1033	南副井井底	南副井井...	01 06:20:23	进入	采煤...	下料...	大班	01 06:20:23	1143.2	超时
张树强	1085	南副井井底	南副井井...	01 08:18:14	进入	机运...	井下...	大班	01 08:18:14	1141.3	超时
张建武	1122	南副井井底	南副井井...	01 08:01:02	进入	机运...	扒勾工	大班	01 07:38:50	1141.9	超时
王效乾	1522	南副井井底	南副井井...	01 06:11:47	离线	采煤...	下料...	大班	01 06:05:57	1143.5	超时
闫留存	2085	南副井井底	南副井井...	01 08:09:06	离线	机运...	电工	大班	01 08:02:02	1141.5	超时
张运成	2659	南副井井底	南副井井...	01 05:56:57	离线	机运...	井下...	一班	01 05:50:54	1143.7	超时
朱广学	2739	南副井井底	南副井井...	01 07:08:14	离线	机运...	电工	大班	01 07:01:29	1142.6	超时
王兴泉	2792	南副井井底	南副井井...	01 07:34:53	进入	机运...	安监员	大班	01 05:30:38	1144.1	超时
王廷彦	2833	南副井井底	南副井井...	01 08:18:14	离线	机运...	电钳...	大班	01 08:18:14	1141.3	超时
陆元祥	2862	南副井井底	南副井井...	01 06:06:57	离线	机运...	扒勾工	大班	01 05:59:57	1143.6	超时

图 2-15　动目标列表显示

| 动目标图形监测 | 动目标列表显示 | 读卡器状态 | | | | |

读卡器编号	所在区域	安放位置	读卡器类型	优先级	分站号	所在串口	通信状态
010A	南副井井口	南副井井口	井口考勤	参加扫描	01	COM3	通信正常
010B	北副井井口	北副井井口	井口考勤	挂起	01	COM3	未知
010C	北副井井底	北副井井底	井底考勤	挂起	02	COM4	未知
010D	南副井井口	南副井井口	井口考勤	参加扫描	01	COM9	***中断***
010E	南副井井底	南副井井底	井底考勤	参加扫描	01	COM4	***中断***
020C	南皮通道	南皮通道附近	井下定位	挂起	02	COM5	未知
020D	猴车下扒勾	猴车下扒勾	井下定位	挂起	01	COM5	未知
0204	东翼	东翼	井下定位	参加扫描	01	COM1	***中断***
020F	234集轨	234集轨入口处	井下定位	挂起	01	COM5	未知
0210	南翼下山	南翼下山	井下定位	挂起	01	COM7	未知

图 2-16　读卡器状态

图 2-17　树形窗口界面

如果读卡器处于通信故障状态，读卡器在故障以前通信正常情况下所捕获到的人员将呈未知状态显示（如：？栾振东 2747）。

2. 树形窗口的右键功能

右击读卡器树节点，弹出功能菜单，如图 2-18 所示。

（1）定位在地图上　将该读卡器显示在地图视野的中心位置上，方便查看。

（2）添加读卡器　添加新的读卡器。添加读卡器的步骤如下：

1）单击"添加读卡器"或者单击工具条上的添加读卡器图标，弹出"添加读卡器"对话框，输入读卡器编号（即地址），选择读卡器类型、所在区域、分站号、所在串行口，然后单击"确定"。

图 2-18　树节点右键功能菜单

2）在地图上右击，选择"图形编辑"，进入 Visual Mine 的图形编辑界面，如图 2-19 所示。从 Visual Mine 的基本图形里选择"读卡器"图标，并拖放到巷道合适的位置，然后从"属性列表"里修改该读卡器的名字为刚才定义的读卡器编号，保存退出即可完成读卡器的添加。

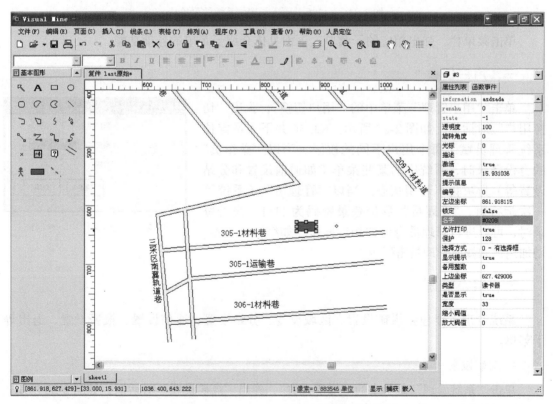

图 2-19　Visual Mine 的图形编辑界面

（3）属性设置　修改读卡器的属性值，即可以修改除读卡器编号外的所有属性值。

三、滚动字幕

系统主界面右上角有一个醒目的滚动字幕，实时动态显示当前井下各部门总人数，如图 2-20 所示。

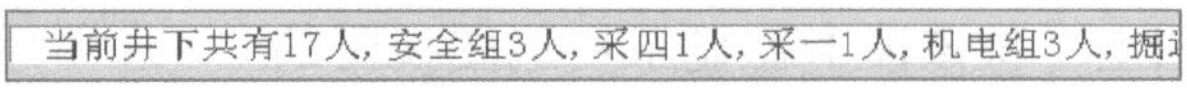

当前井下共有17人，安全组3人，采四1人，采一1人，机电组3人，掘

图 2-20　滚动字幕

若要隐藏滚动字幕，打开菜单栏“查看→滚动字幕”，去掉“滚动字幕”前的勾选，滚动字幕就会自动关闭。

任务实施

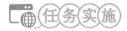

KJ236 井下人员定位系统软件使用与操作

KJ236 井下人员定位系统的菜单栏如图 2-21。

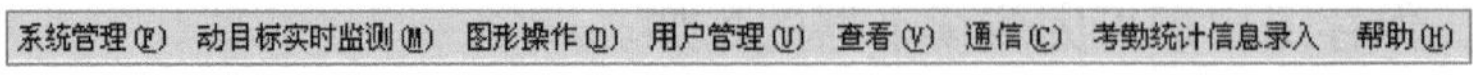

系统管理(F)
动目标实时监测(M)
图形操作(D)
用户管理(U)
查看(V)
通信(C)
考勤统计信息录入
帮助(H)

图 2-21　KJ236 井下人员定位系统的菜单栏

单击菜单栏，弹出相应的子菜单，下面具体介绍子菜单的各项功能。

一、用户切换

单击“用户管理”菜单中的“用户切换”，弹出“切换用户”对话框，如图 2-22 所示。KJ236 井下人员定位系统管理员赋予每个用户不同的权限。当以“操作员”的身份登录时，系统中的某些菜单（如通信设置和分站设置等）为灰化不可用状态。当以“管理员”（系统第一次运行时，“管理员”身份登录密码为 1111）身份登录时，可以进行管理员身份的相应操作，如编辑读卡器、增加用户和修改管理员密码等。

切换用户
用户信息
用户名:
密码:
确定
取消

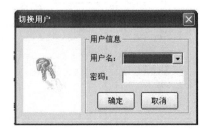

图 2-22　“切换用户”对话框

二、系统管理

系统管理主要包括煤矿设置、区域设置、分站设置、通信设置、报警设置、退出等子菜单。

1. 煤矿设置

单击“系统管理”菜单中的“煤矿设置”，弹出“煤矿设置”对话框，如图 2-23 所示。

1）煤矿名称：输入煤矿名称。

2）煤矿编号：在人员定位系统联网时由煤炭局统一分配。

3）核定下井人数：矿井核定下井人数，用于煤矿井下超员报警。

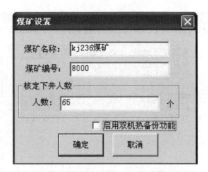

图 2-23　"煤矿设置"对话框

2. 区域设置

单击"系统管理"菜单中的"区域设置"，弹出"区域设置"对话框，如图 2-24 所示。

序号	区域名称	核定人数	该区域范围p
1	南副井井口	200	010A，010D
2	南副井井底	200	010E
3	北副井井口	200	010B
4	北副井井底	200	010C
5	东翼	200	0204，0216，
6	西翼	200	0223
7	猴车上扒勾	200	0214
8	猴车下扒勾	200	020D
9	-490	200	021D
10	75绞车通道	200	0212
11	800T	200	0219
12	234集轨	200	020F
13	南皮通道	200	020C
14	233集皮	200	0215
15	南轨	200	021E
16	2338通道	200	021A
17	234集轨附近	200	0213
18	南翼下山	200	0210
19	236东集轨	200	0217
20	2363采区	200	022B，0234，

新增　删除　向上　向下　保存　关闭窗口

图 2-24　"区域设置"对话框

1）新增：可以通过"新增"来添加区域。

2）向上 / 向下：调整区域在读卡器列表树节点上的排列顺序，在列表中选中所要调整的行，然后单击"向上"或"向下"，将区域名称调整成合适的顺序，然后单击"保存"，区域顺序保存成功。

3）删除：删除区域前需要先删除该区域内的所有读卡器，然后选中待删除的区域，单击"删除"，即可删除该区域。

3. 分站设置

单击"系统管理"菜单中的"分站设置"，弹出"分站设置"对话框，如图 2-25 所示。

图 2-25 "分站设置"对话框

1）新增：可以通过选择"新增"来定义分站的安放位置。

2）删除：先删除分站挂接的所有读卡器，然后选中待删除的分站，单击"删除"，即可删除该分站。

4. 通信设置

单击"系统管理"菜单中的"通信设置"，弹出"通信设置"对话框，如图 2-26 所示。

图 2-26 "通信设置"对话框

KJ236 井下人员定位系统支持多串口通信，软件中预先定义出 18 个串口。串口与传输接口的传输速率为 4800bit/s，用户在添加读卡器时选择好串口用户即可。

5. 报警设置

单击"系统管理"菜单中的"报警设置"，弹出"报警设置"对话框，如图 2-27 所示。在"报警设置"对话框中可以进行求救报警声音、禁区报警声音、超时报警声音和超员报警声音的设定。注：若取消报警声音，可以在地图上右击，选择"报警声音"选项即可实现。

图 2-27　"报警设置"对话框

三、动目标实时监测

动目标实时监测菜单中包括人员当前位置查询、下发 / 取消报警查询、显示读卡器实时信息和读卡器故障显示。

1）单击"人员当前位置查询"，弹出"查询人员当前位置"对话框，输入要查询的识别卡卡号，单击"确定"，就可以查询指定人员在当前时刻所处的区域位置，也可以直接定位到离佩戴该识别卡的人最近的读卡器的位置，同时在矿图上显示。注：若查找人员目前未下井，则查找结果显示在井口读卡器附近。

2）"下发 / 取消报警查询"是查询某段时间内是否存在读卡器向井下人员发送广播通知或向单人寻呼的命令。

3）单击"显示读卡器实时信息"，即选中该读卡器（再次单击为取消选择），当该子菜单项处于选中状态时，鼠标指针放到地图上读卡器的旁边，系统会自动弹出非模态对话框，显示该读卡器附近详细的人员列表情况。

4）"读卡器故障显示"是查询当前时刻或某一天是否存在读卡器通信故障。所有的读卡器通信故障以列表形式表现。

四、图形操作

图形操作菜单包括加载巷道分布图、编辑分布图、图形另存为和图形打印等功能。各主要功能介绍如下。

1. 加载巷道分布图

在第一次运行该监测系统时，首先必须加载一个煤矿的巷道分布图，这样以后不必每次运行都重新加载。在加载的时候，系统会弹出加载新图的提示，如图 2-28 所示。单击"是"，则加载新的巷道分布图。该巷道图采用 Visual Mine 集成绘图软件 vm.exe 绘制，在目录 VM 下可打开 Visual Mine。

巷道分布图导入后就可以使用工具栏上的放大、缩小、移动等工具对巷道分布图进行基本的图形操作。

2. 编辑分布图

加载完巷道分布图后，如果需要对巷道分布图进行调整、添加读卡器、轨迹操作，可打开 VM 目录下的 vm.exe 对该图进行编辑。

图 2-28 "选择巷道分布图"对话框

五、通信

在主程序中可以查看通信状态正常的读卡器的返回数据。单击"通信"菜单中的"通信数据",弹出"密码录入"对话框,正确输入登录密码后弹出"收到数据"对话框,如图 2-29 所示,由此可以看到上位机对读卡器的巡检顺序和各个读卡器的返回数据。"描述"文本框详细解释了选定读卡器的返回数据。

当出现读卡器的通信状态不正常,如通信中断或时通时断等情况时,可查看收到的16 进制数据和描述可能会分析出问题的原因。

1)0人:表示读卡器通信正常,有效范围内没有识别卡。

2)命令错误:表示收到的读卡器数据有错误,收到数据的第 4 个字节有错误(该正确字节应该是 81、82、83、85 或 86)。线路上有干扰、阻抗不匹配或分站信息板部分元器件损坏,请检查。

3)地址错误:表示收到的读卡器数据有错误,收到数据的第 2 字节有错误(该正确字节应该是 01 或 02)。线路上有干扰、阻抗不匹配或分站信息板部分元器件损坏,请检查。

图 2-29 "收到数据"对话框

4）校验错误：表示收到的读卡器数据有错误，收到数据的最后 2 个字节校验和有错误。线路上有干扰、阻抗不匹配或分站信息板部分元器件损坏，请检查。

另外，主机在巡检读卡器时会自动将收到的读卡器的原始通信数据保存到磁盘上，出现故障后可以将这些原始通信数据通过 Email 或其他方式发送给公司技术人员，分析故障原因。通信数据文件的保存在程序安装目录下，如图 2-30 所示。

图 2-30　安装目录

当井下有人员按下"无线识别卡"的报警按钮连续 3s 以上时，报警信息将及时地传递到地面接收主机，然后在煤矿分布图上动态显示该报警的位置，并以"人员报警"图标形式不断闪烁，直到该报警取消为止。同时系统会弹出如图 2-31 所示的"报警窗口"对话框，列出所有报警的人员。

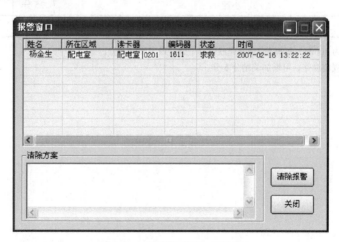

图 2-31　"报警窗口"对话框

"井下人员定位系统软件的应用与操作"学习评价考核表见表 2-4。

表 2-4　"井下人员定位系统软件的应用与操作"学习评价考核表

	考核项目	考核标准	配分	自评	互评	教师评价
知识点	熟知系统软件主界面的作用	完整说出得满分,每少说一条扣2分	10分			
	小计		10分			
技能点	能够正确进行煤矿设置、区域设置、分站设置、通信设置和报警设置	熟练完成得满分;不熟练完成得1～24分;不会得0分	25分			
	能够正确进行人员当前位置查询、下发/取消报警查询、显示读卡器实时信息和读卡器故障显示等操作	熟练完成得满分;不熟练完成得1～24分;不会得0分	25分			
	考勤统计信息录入	正确设置得满分;不熟练设置得1～14分;不会得0分	15分			
	小计		65分			
素质点	学习态度、学习习惯、发表意见情况、相互协作情况、参与度和结果	遵守纪律、态度端正、努力学习者得满分,否则得0～4分	5分			
		思维敏捷、学习热情高涨者得满分,否则得0～4分	5分			
		积极发表意见、有创新意见、意见采用者得满分,否则得0～4分	5分			
		相互协作、团结一致者得满分,否则得0～4分	5分			
		积极参与、结果正确者得满分,否则得0～4分	5分			
	小计		25分			
	合计		100分			

注:1. 技能考核为 30min,每提前 1min 完成奖励 1 分,最多奖励 5 分;
　　2. 安全文明规范操作,可增加奖励分 5 分。

项目三

紧急避险系统的建设

事故概况：2010 年 8 月 5 日，智利一处铜金矿发生塌方事故，导致在井下作业的 33 名矿工陷于 700m 深的地下。随后救援工作立即展开，截至 2010 年 10 月 13 日，经过长达 69 天的漫长等待后，受困人员全部获救生还。

营救成功的关键是矿井中普遍采用螺旋形矿道，每隔一段就会有避难所，约 50m²，避难所内温度维持在 32 ～ 36℃，有通风口、水和食品。

事故反思：33 名矿工被困 69 天后全部生还，这被许多人看成是"奇迹"。但在专家看来，"奇迹"的产生主要得益于：①紧急避难所发挥了重要作用，工人们在被确定受困位置之前的十几天，只能依靠避难所储存的食品维持生命；②被困矿工们具有应急处理的能力和应急心理的素质，并积极展开自救；③在两个月的救援过程中，不抛弃不放弃；依靠科技，注重细节。

紧急避险系统是煤矿井下安全避险"六大系统"中的核心内容，合理设计、建设、维护和管理紧急避险系统，对建设完善安全避险系统整体功能，保障遇险人员生命安全，减轻灾害影响程度具有特别重要的意义，是矿工生命安全的保障系统。

本项目以认识煤矿井下紧急避险系统为目的，介绍紧急避险系统的组成、要求及相关规定；自救器的工作原理及操作使用方法；避难硐室的组成、布置及操作使用；煤矿井下避灾路线设置及应急预案制定等相关内容。通过具体任务和企业实际案例，使学生认识并掌握紧急避险系统设置的原则和方法，以及紧急避险设施的操作使用。

任务一 初识紧急避险系统

任务描述

本任务主要围绕紧急避险系统的组成、功能、要求、规定、维护与管理等内容展开，理解紧急避险系统对于煤矿安全生产的重要性，熟悉紧急避险系统的基础知识。本任务的重点是掌握紧急避险系统组成、功能及设置要求，难点是识读井下紧急避险设施布置图。

相关知识

一、紧急避险系统的组成与功能

紧急避险系统是指当煤矿井下发生紧急情况（如瓦斯煤尘爆炸、火灾、冒顶等灾害事故）时，由为遇险人员安全避险提供生命保障的设施、设备、措施组成的有机整体。

1. 系统组成

井下一旦突发紧急情况，应迅速逃生，撤出危险区域并最终撤离矿井，这就需要自救器、矿灯、通信设备等个体防护装备；在逃生路径被阻和逃生不能的情况下，应迅速进入紧急避险设施避险，等待救援。因此，紧急避险系统应包括应急逃生和紧急避险两部分。

为保证应急逃生和紧急避险的成功率，需要合理设置避灾路线，科学制定应急预案，加强矿工应急培训与演练，建立完善的管理体系与规章制度体系。

紧急避险系统的基本组成应包括自救器、紧急避险设施、避灾路线、应急预案、培训与应急演练、管理体系与制度等，如图 3-1 所示。

紧急避险系统建设的基本内容应包括为入井人员提供自救器，建设井下紧急避险设施，合理设置避灾路线，科学制定应急预案，进行紧急避险技术培训与应急演练，建立完善管理体系与规章制度等。

图 3-1　紧急避险系统的基本组成

（1）自救器　自救器是入井人员在井下发生火灾，瓦斯、煤尘爆炸或煤与瓦斯突出时，防止有害气体中毒或缺氧窒息的一种随身携带的呼吸保护器具。自救器是煤矿井下人员的救命器。《煤矿安全规程》规定，入井人员必须随身携带自救器。

（2）紧急避险设施　紧急避险设施是指在井下发生灾害事故时，为无法及时撤离的遇险人员提供生命保障的密闭空间。该设施对外能够抵御高温烟气，隔绝有毒、有害气体；对内能够提供氧气、食物、水，去除有毒有害气体，创造生存基本条件，为应急救援创造条件与时间。紧急避险设施主要包括避难硐室和可移动式救生舱。

1）永久避难硐室。永久避难硐室是指设置在井底车场、水平大巷、采区（盘区）避灾路线上，具有紧急避险功能的井下专用巷道硐室，服务于整个矿井、水平或采区，服务年限一般不低于 5 年。

2）临时避难硐室。临时避难硐室是指设置在采掘区域或采区避灾路线上，具有紧急避险功能的井下专用巷道硐室，主要服务于采掘工作面及其附近区域，服务年限一般不大于 5 年。

3）可移动式救生舱。可移动式救生舱是在井下发生灾变事故时，为遇险矿工提供应急避险空间和生存条件，并可通过牵引、吊装等方式实现移动，以适应矿井采掘作业要求的避险设施。根据外壳材质，可移动救生舱分为硬体式和软体式。硬体式可移动救生舱采用钢铁等硬质材料制成；软体式可移动救生舱采用阻燃、耐高温帆布等软质材料制造，依靠快速自动充气膨胀架设。

（3）避灾路线　煤矿井下巷道很多，工作场所分散，为了使每个人都能在发生重大事故时迅速撤到安全地点，预先对每个工作地点选定了最近和最安全的撤退路线，这条最近和最安全的路线就称为避灾路线。在井下工作的每个人员应该像熟悉井巷安全出口一样熟悉避灾路线。在这些避灾路线中，从井下通到地面的各个主要巷道，以及在巷道拐弯的地方和巷道的相互交叉点，都应挂有路标，路标上画着箭头，指明安全出口和紧急避险设施的方向，并写明到安全出口和紧急避险设施的距离，沿着箭头指示的方向走去，就可以出井或避险。

（4）应急预案　煤矿事故应急预案是针对可能发生的重大事故所需的应急准备和响应行动而制定的指导性文件，其主要内容包括方针与原则、应急策划、应急准备、应急响应、现场恢复、预案管理与评审改进 6 大要素。

（5）培训与应急演练　进行紧急避险相关安全培训与应急演练，使井下人员具备紧急避险基本知识，掌握紧急避险设施使用方法。

（6）管理体系与制度　明确紧急避险设施的管理体系、管理机构和人员确定及职责范围的规章制度和操作规程等。

2. 系统功能要求

紧急避险设施必须足够坚固，能够抵御一定的外部危害因素的冲击，如顶板冒落、爆炸冲击、高温气流冲击等；气密、隔热，能够将外部有害的气体、高温热环境隔绝，空间内部能在一定的时间内提供维持生命所必需的氧气、水和食物等；内部设备能够监测空间内外环境状况，并能依靠通信设备进行井上、井下信息的双向传递。为实现上述功能，紧急避险设施建设时应考虑以下几个方面：

（1）结构与防护　紧急避险设施应具备一定的结构和防护能力，结构上应能承受一定强度，承受爆炸冲击、顶板冒落等灾变事故；同时紧急避险设施还应具有气密性和隔热性，能隔绝外部有毒有害气体、高温高湿的侵入，为遇险人员创造基本的生存条件。

（2）可呼吸氧气　充分的可呼吸氧气是人员生存的必要条件。紧急避险设施应配备可呼吸氧气（空气）供应系统，使其内部空气环境中氧含量维持在安全水平，满足遇险人员生存需要。氧气供应可为压缩氧气（空气）等方式。

（3）环境净化与调节　紧急避险设施内部为相对独立的密闭空间，需要配备相应空气净化及温湿度调节设施。空气净化系统可对遇险人员带入及避险人员释放的有毒有害气体进行去除，同时，温湿度调节设施可以对舱内的温湿度进行调节，保障舱内环境不影响生存。

（4）动力保障　为保障紧急避险设施及相关配套设施的可靠运转，动力保障系统是必不可少的。

（5）环境监测　紧急避险设施内配备必要的环境监测设施，避险人员可以对舱内外环境进行监测。根据相关监测结果采取相应措施，如紧急避险设施内气体某项指标超标，则提醒应更换环境净化装置的相关药剂。

此外，紧急避险设施还应配备应急通信联络、照明指示、生活消耗物品、辅助工具等设备，为避险人员提供生存保障。同时，应急通信联络设施还可为应急救援提供支持。

二、紧急避险系统的要求、维护与管理

1. 基本要求

1）所有井工开采的煤矿，应为入井人员配备额定防护时间不低于30min的自救器，入井人员必须随身携带。

2）紧急避险设施应综合考虑所服务区域的特征、巷道布置、可能发生的灾害类型及特点、人员分布等因素。

3）所有煤与瓦斯突出矿井都应建设紧急避险设施。其他矿井在突发紧急情况时，凡井下人员在自救器额定防护时间内靠步行不能安全撤至地面的，应建设紧急避险设施。

4）紧急避险系统应整体设计。设计方案应符合国家有关规定要求，经过企业技术负责人批准后，报属地煤矿安全监管部门和驻地煤矿安全监察机构备案。

5）紧急避险设施的设置要与矿井避灾路线相结合，紧急避险设施应有清晰、醒目、牢靠的标识。矿井避灾路线图中应明确标注紧急避险设施的位置、规格和种类，井巷中应有紧急避险设施方位的明显标识，以方便灾变时遇险人员迅速到达紧急避险设施。

6）紧急避险系统应随井下采掘系统的变化及时调整和补充完善，包括及时补充或移动紧急避险设施，完善避灾路线和应急预案等。

2. 技术要求

1）紧急避险设施应具备安全防护、氧气供给保障、有害气体去除、环境监测、通信、照明、人员生存保障等基本功能，在无任何外界支持的情况下，其额定防护时间不低于96h。

具备自备氧供氧系统和有害气体去除设施。供氧量不低于0.5L/（min·人），处理二氧化碳的能力不低于0.5L/（min·人），处理一氧化碳的能力应能保证在20min内将一氧化碳浓度由0.04%降到0.0024%以下。在整个额定防护时间内，紧急避险设施内部环境中氧气含量应在18.5%～23.0%之间，二氧化碳浓度不大于1.0%，甲烷浓度不大于

1.0%，一氧化碳浓度不大于0.0024%，温度不高于35℃，湿度不大于85%，并保证紧急避险设施内始终处于不低于100Pa的正压状态。采用高压气瓶供气系统的紧急避险设施应有减压措施，以保证安全使用。

配备独立的内外环境参数检测或监测仪器，在突发紧急情况时，能够对紧急避险设施过渡室内的氧气、一氧化碳，生存室内的氧气、甲烷、二氧化碳、一氧化碳、温度、湿度和紧急避险设施外的氧气、甲烷、二氧化碳、一氧化碳进行检测或监测。

按额定避险人数配备食品、饮用水、自救器、人体排泄物收集处理装置、急救箱、照明设施、工具箱及灭火器等。配备的食品发热量不少于5000kJ/（d·人），饮用水不少于1.5L/（d·人）。配备的自救器应为隔绝式，有效防护时间应不低于45min。

2）各紧急避险设施的总容量应满足突发紧急情况下所服务区域全部人员紧急避险的需要，包括生产人员、管理人员及可能出现的其他临时人员，并应有一定的备用系数。永久避难硐室的备用系数不低于1.2，临时避难硐室的备用系数不低于1.1。

3）煤与瓦斯突出矿井应建设采区避难硐室。突出煤层的掘进巷道长度及采煤工作面推进长度超过500m时，应在距离工作面500m范围内建设临时避难硐室。其他矿井应在距离采掘工作面1000m范围内建设避难硐室。

4）紧急避险设施应与矿井安全监测监控、人员定位、压风自救、供水施救、通信联络等系统相连接，形成井下整体性的安全避险系统。

① 矿井安全监测监控系统应对紧急避险设施外和避难硐室内的甲烷、一氧化碳等环境参数进行实时监测。

② 矿井人员定位系统应能实时监测井下人员分布和进出紧急避险设施的情况。

③ 矿井压风自救系统应能为紧急避险设施供给足量氧气，接入的矿井压风管路应设减压、消声、过滤装置和控制阀，压风出口压力在0.1～0.3MPa之间，供风量不低于0.3m³/（min·人），连续噪声不大于70dB。

④ 矿井供水施救系统应能在紧急情况下为避险人员供水，并为在紧急情况下输送液态营养物质创造条件。接入的矿井供水管路应有专用接口和供水阀门。

⑤ 矿井通信联络系统应延伸至井下紧急避险设施，紧急避险设施内应设置直通矿调度室的电话。

3. 维护与管理

1）煤矿企业应建立紧急避险系统管理制度，指定专门机构和人员对紧急避险系统进行维护和管理，保证其始终处于正常待用状态。

2）紧急避险设施应有简明、易懂的使用说明，指导避险矿工正确使用。

3）应定期对避险设施及配套设备进行维护和检查，并按期更换产品说明书中规定需要定期更换的部件及设备；应保证储存的食品、水、药品等始终处于保质期内，外包装应明确标示保质日期和下次更换时间；应每1个月对配备的气瓶进行1次余量检查及系统调试，气瓶内压力低于11MPa时，应及时补气；应每10天对设备电源（包括备用电源）进行1次检查和测试；每年对紧急避险设施进行1次系统性的功能测试，包括气密性、电源、供氧、有害气体处理等。

4）当发现紧急避险设施不能正常使用时，应及时维护处理。采掘区域的紧急避险设施不能正常使用时，应停止采掘作业。

5）煤矿企业按规定编制的矿井灾害预防与处理计划、重大事故应急预案、采区设计及作业规程中应包含紧急避险系统的相关内容。

6）煤矿企业应建立紧急避险设施的技术档案，准确记录紧急避险设施安装、使用、维护、配件配品更换等相关信息。

7）煤矿企业每年应将紧急避险系统建设和运行情况，向县级以上煤矿安全监管部门书面报告一次。

三、紧急避险设施的设置要求

1）煤矿井下紧急避险设施目前主要有永久避难硐室、临时避难硐室和过渡站。过渡站主要是为避险人员、救援人员在逃离、施救过程中提供更换自救器、充氧或稍事休息的安全无毒空间。矿井可根据自身的特点自主选择，并以满足矿井灾变条件下矿工应急避险需要、安全、实用、救生为基本原则。

2）井下有人工作的地点均应有紧急避险设施为其服务。紧急避险设施距工作地点的距离，以矿工在瓦斯煤尘爆炸、煤与瓦斯突出或矿井火灾等灾害事故应急避险情况下，佩戴随身携带的自救器能够安全到达为原则，一般不超过1000m。井下紧急避险设施的设置要与矿井避灾路线相结合。突出矿井的井底车场应设置固定式紧急避险设施，有突出煤层的采区应设置采区紧急避险设施，掘进距离超过500m的巷道应设置工作面紧急避险设施。

3）紧急避险设施的额定人数应满足所服务区域内同时工作的最多人员的避难需要，并考虑不低于5%的富裕系数。

4）紧急避险设施应设置在无异常应力、顶板完整、支护完好的地点，前后20m范围内采用不燃性材料支护，符合安全出口的相关要求。

5）永久避难硐室应当具备应急逃生出口或采用2个安全出入口。有条件的矿井应当将安全出入口或应急逃生出口分别布置在2条不同巷道中。如果布置在一条巷道中，2个出入口的间距应当不小于20m。

6）紧急避险设施应有清晰、醒目的标识。矿井避灾路线图中应明确标注紧急避险设施位置、规格和种类，井巷中应有紧急避险设施方位的明显标识，以方便灾变时遇险人员能够迅速到达紧急避险设施。

7）紧急避险设施应有简明、易懂的使用说明和操作步骤，指导遇险矿工正确使用避难设施，安全避险。

8）建立相应管理制度，确定专人负责紧急避险设施的管理和维护，保证其始终处于正常待命状态。

9）将正确、安全使用紧急避险设施作为入井人员安全培训和定期应急救援演练的重要内容，提高矿工应急救援能力。

10）针对煤矿自身的条件和作业人员的分布情况，结合避灾路线、应急预案和各种灾害发生时作业人员的避灾方向，确定具体的井下紧急避险设施应设置的数量。

识读煤矿井下紧急避险设施布置图

1. 任务要求

能够识读煤矿井下巷道分布情况，描述该矿井下紧急避险设施布置方案。

2. 任务资料

某煤矿井下紧急避险设施布置图如图 3-2 所示。

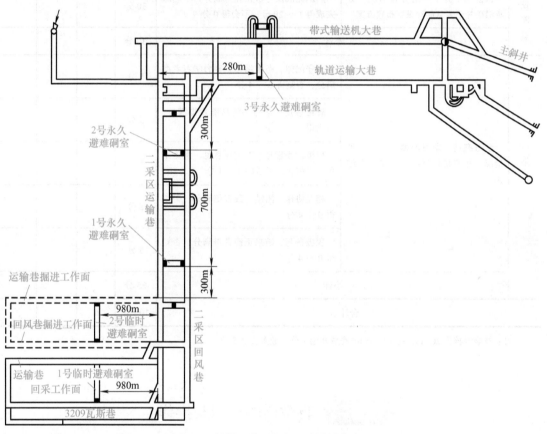

图 3-2　某煤矿井下紧急避险设施布置图

"初识紧急避险系统"学习评价考核表见表 3-1。

表 3-1 "初识紧急避险系统"学习评价考核表

	考核项目	考核标准	配分	自评	互评	教师评价
知识点	熟知紧急避险系统作用	完整说出得满分，每少说一条扣1分	10分			
	掌握紧急避险系统的内容	完整说出得满分，每少说一条扣1分	10分			
	熟悉紧急避险系统安装、设置、维护与管理等要求	完整说出得满分，每少说一条扣1分	25分			
	小计		45分			
技能点	识读煤矿井下巷道分布情况，分析煤矿井下紧急避险设施布置方案	熟练完成及分析正确得满分；不熟练完成得1~29分；不会得0分	30分			
	小计		30分			
素质点	学习态度、学习习惯、发表意见情况、相互协作情况、参与度和结果	遵守纪律、态度端正、努力学习者得满分，否则得0~4分	5分			
		思维敏捷、学习热情高涨者得满分，否则得0~4分	5分			
		积极发表意见、有创新意见、意见采用者得满分，否则得0~4分	5分			
		相互协作、团结一致者得满分，否则得0~4分	5分			
		积极参与、结果正确者得满分，否则得0~4分	5分			
	小计		25分			
	合计		100分			

注：技能考核为20min，每提前1min完成奖励1分，最多奖励5分。

任务二 自救器的认识与操作

任务描述

本任务主要围绕自救器的作用、结构、工作原理、使用及维护等内容展开，理解自救器对于矿工紧急避险的重要性。本任务的重点是掌握自救器的正确佩戴及使用方法，难点是理解自救器的工作原理。

相关知识

　　自救器是一种体积小、质量轻、便于携带的防护个人呼吸器官的装备。其主要用途就是在井下发生火灾，瓦斯、煤尘爆炸，煤与瓦斯突出或二氧化碳突出事故时，供井下人员佩戴脱险，免于中毒或窒息死亡。

　　ZYX-45 隔绝式压缩氧气自救器是以高压容器充填压缩氧气作为气源的再生隔绝式自救器。可将人体呼吸系统与外界空气隔绝，防止各种有毒有害气体进入人体，主要用于煤矿或环境空气发生有毒气体污染及缺氧窒息性灾害时，现场人员迅速佩戴，保护人正常呼吸逃离灾区；供煤矿井下作业人员在发生瓦斯突出、火灾爆炸等灾害事故时，迅速撤离灾区使用。该自救器具有重量轻、体积小、吸气温度低、携带方便等特点。

　　自救器主要由高压系统、呼吸系统及二氧化碳（CO_2）过滤系统组成。其中高压系统包括氧气瓶、氧气瓶开关、减压阀、补气压板和压力表等；呼吸系统由口具、鼻夹、呼吸软管、气囊、排气阀及呼吸阀等组成；清净罐内装入定量的符合标准的二氧化碳（CO_2）吸收剂形成二氧化碳（CO_2）过滤系统。所有系统装置都装在壳体之中，使用者能通过观察窗清楚地看到压力表的压力指示。平时可固定在腰带上或挎在肩上。图 3-3 所示为隔绝式压缩氧气自救器结构。

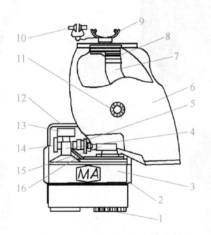

图 3-3　隔绝式压缩氧气自救器结构

1—底盖　2—挂钩　3—清净罐　4—氧气瓶　5—减压阀　6—气囊
7—呼气软管　8—呼吸阀　9—口具　10—鼻夹　11—排气阀　12—上盖
13—压力表　14—手轮开关　15—补气压板　16—支架

　　应急使用时，使用者拔掉上壳，打开手轮开关，这时氧气瓶的高压氧气通过减压阀及定量孔，以 ≥1.2L/min 的流量进入气囊中，吸气时气囊中的气体经过清净罐过滤二氧化碳后，再经呼吸软管、口具吸入肺部。呼气时，呼出的气体经呼吸软管、清净罐过滤二氧化碳后再进入气囊中，这样就形成了单管往复式闭路循环呼吸系统。

【任务实施】

自救器的使用与维护

一、自救器的使用

1）将自救器移到身体的正前面，如图 3-4 所示。

2）拉开自救器两侧的塑料挂钩并取下上盖，如图 3-5 所示。

3）展开气囊，注意气囊不要扭折，如图 3-6 所示。

4）把口具放入口中，口具片应放在唇和下齿之间，牙齿紧紧咬住牙垫，紧闭嘴唇，使之具有可靠的气密性，如图 3-7 所示。

5）逆时针转动氧气瓶开关，打开氧气瓶，然后用手指按动补气压板，使气囊迅速鼓起，如图 3-8 所示。

6）把鼻夹弹簧打开，将鼻垫准确地夹住鼻孔，用嘴呼吸，如图 3-9 所示。

图 3-4　自救器的佩戴

图 3-5　自救器打开方式

图 3-6　展开气囊

图 3-7　口具的使用

图 3-8　自救器充氧操作

图 3-9　自救器鼻夹的正确使用

二、自救器的维护和保养

1）应经常检查自救器，一般每隔半年要检查氧气瓶压力，正、负压气密，排气压力和定量供氧等指标，发现气瓶压力下降要立即充填氧气（用于充填自救器的氧气应符合 GB/T 8982—2009《医用及航空用氧》标准的规定），发现达不到规定指标时要进行调整和修理。如果在携带时遇到剧烈撞击等情况，对仪器性能有怀疑时，也要检查上述指标，并进行修理。每隔半年更换二氧化碳吸收剂。

2）每次使用后都要更换符合 MT454—2008《隔绝式氧气呼吸器和自救器用氢氧化钙技术条件》标准的二氧化碳吸收剂（吸收率应不低于 32%），其余性能指标应符合有关规定。装填时要边振动边装填，装药量大约在 500g，装实后盖上底盖。

3）气瓶充气方法如下：拧下压帽，拔出气瓶，卸下减压阀后便可对氧气瓶进行充填氧气，充填压力应在 20MPa 以上。在充填氧气和装药完毕后进行组装。组装时必须十分注意，气囊内的呼气软管安装时不能扭曲，否则会增加呼气阻力，严重扭曲会使呼气气路阻断；把减压阀拧紧在氧气瓶开关上，把气囊上的胶圈完全挂在减压阀的环形槽内。

4）装上盖前先拿住口具使气囊逆时针绕压力表一周，口具的开口须朝上，要注意补气压板须竖立放置，不要被压帽压上。轻轻扣上上盖，使仪器恢复完好状态（注意扣盖时上盖不要夹住气囊）。

5）自救器一旦使用，都应进行重新充气、装药和检验，即按上述 2）、3）项叙述进行。

6）每次使用后应对气囊和口具进行清洗、消毒、干燥处理。

7）组装完后要对呼吸系统进行气密校验。在正压 980Pa 或负压 800Pa 时，1min 内水柱变化不超过 50Pa 为合格。校正压气密时关闭排气阀。

8）储存时，自救器应避免阳光直射；严禁与油脂混放在一处；储存环境应干燥，无腐蚀性气体，温度应在 0℃以上；氧气瓶的保管人员和操作人员必须严格遵守有关规章制度。

三、注意事项

1）携带自救器下井前，应观察压力表显示值不得低于 18MPa。在使用过程中要养成经常观察压力表的习惯，随时掌握耗氧情况及撤离灾区的时间。

2）高压气瓶装有 20MPa 的氧气，携带过程中不要无故开启，防止撞击、磕碰或坐压自救器。

3）使用时保持沉着，在呼气和吸气时都要慢而深（即深呼吸）。口与自救器的距离不能过近，以免气囊内的呼气软管打折，呼气阻力增加，应使自救器处在最佳状态。在使用过程的中后期，清净罐的温度略有上升是正常的，不必紧张。

4）在灾区使用时，严禁通过口具或摘掉口具讲话，在未达到安全地点时不要摘下自救器。

5）使用中应特别注意防止利器刺伤、划伤气囊。

6）在高温下使用自救器应遵守有关规定。

7）自救器有效使用期为 3 年。

任务考核

"自救器的认识与操作"学习评价考核表见表 3-2。

表 3-2 "自救器的认识与操作"学习评价考核表

	考核项目	考核标准	配分	自评	互评	教师评价
知识点	熟悉自救器的作用及分类	完整说出得满分，每少说一条扣 2 分	10 分			
	掌握 ZYX-45 隔绝式压缩氧气自救器的结构和工作原理	完整说出得满分，每说错一条扣 2 分	15 分			
	了解自救器的维护保养方法及使用注意事项	完整说出得满分，每说错一条扣 2 分	10 分			
	小计		35 分			
技能点	能够正确佩戴和使用自救器	1）未正确佩戴扣 4 分，手指、口述错误或未口述扣 4 分 2）未正确打开自救器扣 4 分，手指、口述错误或未口述扣 4 分 3）气囊扭折扣 4 分，手指、口述错误或未口述扣 4 分 4）充氧操作不规范扣 4 分，手指、口述错误或未口述扣 4 分 5）口具使用不规范扣 4 分，手指、口述错误或未口述扣 4 分	40 分			
	小计		40 分			
素质点	学习态度、学习习惯、发表意见情况、相互协作情况、参与度和结果	遵守纪律、态度端正、努力学习者得满分，否则得 0～4 分	5 分			
		思维敏捷、学习热情高涨者得满分，否则得 0～4 分	5 分			
		积极发表意见、有创新意见、意见采用者得满分，否则得 0～4 分	5 分			
		相互协作、团结一致者得满分，否则得 0～4 分	5 分			
		积极参与、结果正确者得满分，否则得 0～4 分	5 分			
	小计		25 分			
	合计		100 分			

注：1. 技能考核为 10min，每提前 1min 完成奖励 1 分，最多奖励 5 分；

2. 安全文明规范操作，可增加奖励分 5 分。

任务三　避难硐室系统的设置

任务描述

本任务主要围绕避难硐室的基本类型、结构与功能要求等内容展开，理解避难硐室对于矿工紧急避险的重要性。本任务的重点是掌握避难硐室的类型，难点是理解自救器的功能要求。

相关知识

一、避难硐室基本类型

由于自救器有效时间较短，在其有效作用时间内通过撤退路线无法到达安全地点时，避难硐室就可以发挥作用。因此，在煤矿井下避灾路线上，设置避难硐室是十分必要的。

1. 按服务年限分类

按避难硐室的服务年限可分为永久避难硐室和临时避难硐室。

永久避难硐室是指设置在井底车场、水平大巷、采区（盘区）避灾路线上，服务于整个矿井、水平或采区，服务年限一般不低于 5 年的避难硐室。

临时避难硐室是指设置在采掘区域或采区避灾路线上，主要服务于采掘工作面及其附近区域，服务年限一般不大于 5 年的避难硐室。

2. 按供氧方式分类

按避难硐室的供氧方式可分为钻孔供氧避难硐室、专用管路供氧避难硐室和自备氧避难硐室。

钻孔供氧是指布置地面或井下大直径钻孔，为避难硐室建立相应的供氧保障系统，通过该孔为避难硐室输送氧气（空气），并借助该孔实现通风、供电、通信等。钻孔供氧避难硐室应在地面或至少在该硐室所在水平以上 2 个水平的进风巷道上开孔，以确保供氧安全可靠。

专用管路供氧是指从地面通过井巷或钻孔布设有效保护的专用管路至避难硐室，通过专用管路为避难硐室输送氧气（空气），并可借助该管路实现通风、供电、通信等。

自备氧是指在避难硐室内储存足够氧气（空气）或设置自生氧装置，在突发紧急情况下主要依靠自备氧气（空气）或自生氧装置为避险人员提供氧气供给。

采用钻孔和专用管路供氧的避难硐室通常为永久避难硐室，采用自备氧的避难硐室可为永久避难硐室，也可为临时避难硐室。

3. 按设计容量分类

按设计容量可分为大型避难硐室、中型避难硐室和小型避难硐室。

大型避难硐室的额定避险人数在 60 人以上，不宜超过 100 人；中型避难硐室的额定避险人数为 30～60 人；小型避难硐室的额定避险人数为 10～30 人。

二、避难硐室结构与功能要求

避难硐室基本结构如图 3-10 所示。

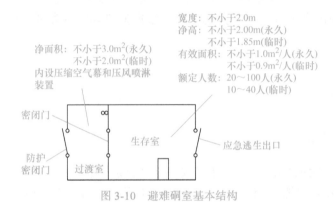

图 3-10　避难硐室基本结构

1. 基本结构要求

避难硐室应采用向外开启的两道门结构。外侧第一道门采用既能抵挡一定强度的冲击波，又能阻挡有毒有害气体的防护密闭门；第二道门采用能阻挡有毒有害气体的密闭门。两道门之间为过渡室，密闭门之内为生存室。永久避难硐室还应具备应急逃生出口。

（1）防护密闭门的要求　防护密闭门（墙）的抗爆炸冲击能力不低于 0.3MPa，具体应根据避难硐室应对的主要灾害类型确定。应采用气密结构，保证避难硐室具有足够的气密性。

防护密闭门上设有观察窗，观察窗的强度不低于门的强度。靠近底板附近设单向排水管和单向排气管。

（2）过渡室的要求　对于过渡室的净面积要求，永久避难硐室不小于 3.0m²，临时避难硐室不小于 2.0m²。过渡室内设压缩空气幕和压风喷淋装置。压风喷淋装置的流量不小于 500L/min，出口压力不低于 0.3MPa，每组运行时间不少于 5min，其作用是将人员进入避难硐室时带入的有毒有害气体冲洗、排除，避免有毒有害气体进入生存舱，造成人身伤害。压缩空气幕、压风喷淋装置由矿井压风自救系统供风，当压风自救系统失去时，应由自备高压空气瓶供风。

（3）生存室的要求　生存室净高不低于 2.0m，长度、宽度根据设计的额定避险人数以及内配装备情况确定。每人应有不低于 0.75m² 的使用面积，设计额定避险人数不少于 20 人，不宜多于 100 人。靠近底板附近设置不少于两趟的单向排水管和单向排气管。

（4）应急逃生出口的要求　永久避难硐室应具备安全入口和安全逃生出口，或采用两个安全出入口结构。有条件的矿井，安全出入口或安全逃生出口应分别布置在两条不同巷道上，如果布置在同一条巷道，两个出入口的间距不小于 20m。

2. 基本功能要求

根据《煤矿井下紧急避险系统建设管理暂行规定》的要求，避难硐室应具备以下基本功能：

1）避难硐室应具备安全防护、氧气供给、有害气体处理、温湿度控制、通信、照明、指示及基本生存保障等基本功能。在无任何外部支持条件下，避险人员能够生存96h以上。在整个防护时间内，避难硐室内部环境人均供风量不低于 $0.3m^3/min$，氧气（O_2）浓度为 $18.5\% \sim 23.0\%$，舱内正压不低于200Pa，二氧化碳（CO_2）浓度低于 1.0%，一氧化碳（CO）浓度低于 0.0024%，温度不高于35℃，湿度不高于85%。

2）避难硐室应配备独立的内外环境参数检测或监测仪器，实现突发紧急情况下，人员避险时对硐室内的 O_2、CH_4、CO_2、CO、温度、湿度和硐室外的 O_2、CH_4、CO_2、CO 的检测或监测。

3）避难硐室应按设计的额定避险人数配备供氧和有害气体去除设施、食品和饮用水，以及自救器、急救箱、照明、工具箱、灭火器、人体排泄物收集处理装置等辅助设施，备用系数不低于20%的。

自备氧供气系统供氧量不低于 $0.3m^3/$（分·人）。布置有直达地表大直径钻孔的永久避难硐室应保证24h连续供氧；其他永久避难硐室应保证额定防护时间内的供氧量。采用高压气瓶供气系统时应有减压措施，以保证安全使用。

有害气体去除设施处理 CO_2 的能力应不低于每人 0.5L/min，处理 CO 的能力应能保证20min内将 CO 浓度由 0.04% 降到 0.0024%。配备的食品不少于5000kJ/（人·d），饮用水不少于0.5L/（人·d）。配备的自救器应为隔离式，连续使用时间不低于45min。

4）避难硐室外应有清晰、醒目的标识和外部指示灯。指示灯应为本质安全型，并有相应的防护措施，宜采用高穿透性灯源。硐室内应有照明。

5）应与矿井安全监测监控、人员定位、压风自救、供水施救、通信联络、供电等系统有效连接。

① 矿井安全监测监控系统应对避难硐室内外的 CH_4、CO_2、CO 等环境参数进行实时监测。

② 矿井人员定位系统应能实时监测井下人员分布和进出避难硐室的情况。

③ 矿井压风自救系统应能为避难硐室供给足量氧气，接入的矿井压风管路应设减压、消声、过滤等装置和控制阀，压风出口压力为 $0.1 \sim 0.3MPa$，供风量不低于每人 $0.3m^3/min$，连续噪声不大于70dB。

④ 矿井供水施救系统应能在紧急情况下为避险人员供水，并为在紧急情况下输送液态营养物质创造条件，接入的矿井供水管路应有专用接口和供水阀门。

⑤ 矿井通信联络系统应延伸至避难硐室。避难硐室内应设置直通矿井调度室的电话，宜设无线电话、应急广播和应急通信设备，并有正常通信中断时的联络方式。

⑥ 矿井供电系统应确保避难硐室内电气设备可靠用电，并满足后备电源的充电需要。

避难硐室的布置及使用

一、避难硐室的布置

避难硐室主要由硐室主体、氧气供给保障系统、空气净化与温湿度调节系统、环境监测系统、通信系统、舱内照明和指示系统、动力保障系统、生存保障系统、备用自救器等组成。其布置示意图如图 3-11 所示。

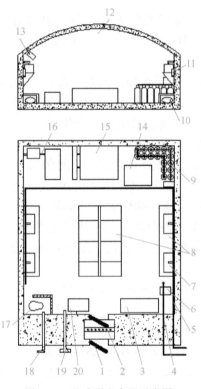

图 3-11　避难硐室布置示意图

1—隔离门　2—喷淋系统　3—药品食品柜　4—供水管　5—压风管　6—人员管理系统终端
7—压风自救箱　8—座椅　9—压缩氧供气系统　10—担架　11—环境参数监测仪器
12—矿用荧光灯　13—矿用红外摄像仪　14—空气过滤系统　15—防爆空调　16—电源箱
17—集便器　18—排水管　19—排气管　20—自救器及工具柜

二、避难硐室的操作使用及注意事项

1）紧急状态下，矿工接到灾害信息，必须根据所在地点的具体情况，按照相应的避灾路线和声光指示，有序、快速地撤离，在无法安全升井的情况下，方可选择进入避难硐室进行避险。

2）进入避难硐室必须严格按照《避难硐室操作流程》《避难硐室设备操作说明》《避难硐室日常管理维护规定》等矿井有关规定执行。

3）具体操作使用步骤和注意事项：

第一步：遇险人员走到避难硐室的第一道防护密闭门前，旋转第一道防护密闭门的锁紧手柄，打开第一道防护密闭门，进入过渡室。这时空气幕将自动打开，阻隔有毒有害气体的进入。

注意：①遇险人员应有序进入，防止拥挤踩踏，提高进入效率；②由第一道防护密闭门进入过渡室后要继续佩戴自救器装置，不得摘下自救器。

第二步：进入过渡室以后，首先旋转第一道防护密闭门内侧的锁紧手柄，关闭防护密闭门，直至锁紧，同时空气幕关闭。

第三步：在过渡室内首先打开过渡室内的喷淋系统，冲洗人员携带的有毒有害气体，当过渡室内 CO 的浓度低于 24×10^{-6} 时，才可打开第二道密闭门进入生存室。

注意：严禁 CO、H_2S 等气体超标时，人员打开第二道密闭门进入生存室。

第四步：旋转第二道密闭门的外部手柄，打开第二道密闭门并进入生存室，进入后关闭第二道密闭门并旋转手柄使其紧锁，按秩序避难待救，这时方可摘下自救器。

第五步：下一批遇险人员进入时的操作步骤同第一步～第四步。

第六步：安全进入生存室后，必须在第一时间利用生存室内部的各种通信联络和监测监控设备及时与地面调度中心取得联系，汇报情况，并随时保持联系。避险人员必须听从现场带班矿领导、区队科室职能人员的统一指挥，保持镇定、有序，尽量减少体力消耗。

注意：要正确使用和操作避难硐室内部各种系统以及设备。

 任务考核

"避难硐室系统的设置"学习评价考核表见表 3-3。

表 3-3　"避难硐室系统的设置"学习评价考核表

	考核项目	考核标准	配分	自评	互评	教师评价
知识点	熟悉避难硐室的作用及分类	完整说出得满分，每少说一条扣2分	10分			
	熟悉避难硐室的结构与功能要求	完整说出得满分，每说错一条扣2分	15分			
	掌握避难硐室内部设置系统	完整说出得满分，每说错一条扣2分	10分			
小计			35分			

（续）

	考核项目	考核标准	配分	自评	互评	教师评价
技能点	能够按照步骤正确进入避险硐室进行避险	熟练操作得满分；不熟练操作得1～39分；不会得0分	40分			
	小计		40分			
素质点	学习态度、学习习惯、发表意见情况、相互协作情况、参与度和结果	遵守纪律、态度端正、努力学习者得满分，否则得0～4分	5分			
		思维敏捷、学习热情高涨者得满分，否则得0～4分	5分			
		积极发表意见、有创新意见、意见采用者得满分，否则得0～4分	5分			
		相互协作、团结一致者得满分，否则得0～4分	5分			
		积极参与、结果正确者得满分，否则得0～4分	5分			
	小计		25分			
	合计		100分			

注：1. 技能考核为20min，每提前1min完成奖励1分，最多奖励5分；
　　2. 安全文明规范操作，可增加奖励分5分。

任务四　井下避灾路线设置及应急预案制定

任务描述

　　本任务主要围绕井下避灾路线设置方法、应急预案制定等内容展开，理解井下避灾路线设置、应急预案制定对井下人员安全撤离的重要性。本任务的重点是掌握各种灾害事故的避灾路线的设置，难点是应急预案的制定。

相关知识

　　井下避灾路线及紧急避险设施的设置是在矿井发生灾害时，为井下人员安全撤离和安全避险提供路线和场所。

一、井下避灾路线的设置

《煤矿安全规程》规定，煤矿企业必须编制年度灾害预防和处理计划，并根据具体情况及时修改；每年必须至少组织一次矿井救灾演习。井下避灾路线及紧急避险设施的设置是矿井年度灾害预防和处理计划的主要内容之一。煤矿井下紧急避险设施必须设置在避灾路线上。

避灾路线

1. 各种灾害事故的避灾路线和方法

（1）瓦斯、煤尘爆炸的避灾路线和方法　根据瓦斯、煤尘爆炸的预兆，当井下人员感到空气在震动时，必须立即背向空气震动方向，倒地俯卧，面部贴地，用湿毛巾或手捂住口、鼻，尽量屏住呼吸（特别是爆炸瞬间），防止高温气流和有害气体吸入体内。俯卧时要用衣物等护住身体，避免烧伤或烫伤。

采煤工作面瓦斯爆炸后的自救互救

爆炸过后，迅速佩戴好自救器，辨清方向，在进风侧的人员要逆风撤出，在回风侧的人员要设法经最短路线，撤退到新鲜风流中，离开灾区。若因巷道严重破坏或其他原因无法撤离时，要尽快进入避难硐室，或尽快躲到较安全的地方，或就地取材构筑临时避难硐室等待救援。

（2）水灾的避灾路线和方法　首先应在班组长或老工人的指挥下，就地取材，加固工作面，设法堵住出水点，防止事故扩大。如不能控制，则应按以下方法避灾：

透水后避灾自救

1）避开水势和水头，有组织地沿着规定的避灾路线，迅速撤退到透水地点的上部水平或地面，如果情况不允许转移和躲避，则要紧紧抓住立柱、顶梁等物不放，防止被水头打倒冲走。如果是采空区透水，遇险人员还要立即佩戴好自救器，以防中毒。

2）对于上山掘进施工人员，当独头上山下部的唯一出口已被淹没、堵塞而无法撤退时，则可在独头工作面避难待救。因为独头上山中的空气因水位上升逐渐压缩，但最终能保持一定的空间和一定的空气量，可免受涌水伤害，但要注意防止有害气体中毒。

3）若因积水或冒顶等原因使撤退路线堵塞时，要寻找其他方向的安全通道撤退。如果无通道可撤，应尽量找井下位置最高、离井筒或大巷最近的地方躲避待救。

4）在水害区域的矿工，要尽快撤出灾区。在积水平巷中撤退时，要靠巷道一侧，稳步行走；若在斜巷，除靠一侧外，还要牢牢抓住立柱或其他固定物件，防止被水冲倒和被水中滚动的矿石、物料冲撞受伤。

（3）火灾的避灾路线和方法　发生火灾时，要切断通向火区的电源；扑灭明火，可使用就近的灭火器灭火，用湿衣抽打或捂盖，用湿煤、岩粉、炮泥盖灭，用脚踏灭，用锹扑灭，用防尘水管水浇灭等手段灭火。如有条件应尽量使烟流短路。

撤离火区的避灾路线和方法如下：

1）位于进风侧的人员迎风撤出。

2）位于回风侧的人员，可佩戴自救器顺风以最近的路线撤至新鲜的风流中。

火灾的自救
与互救

3）无自救器时，可用湿毛巾捂住口鼻，躬身快步行进，沿最近的路线尽快转入新鲜的风流区。

4）迫不得已，且火势很小时，也可途经火区直接冲出去。

5）实在无法撤出时，要尽快进入附近的避难硐室或做其他用途的硐室。没有现成的避难场所时，更应保持镇静，要以最快的速度就地取材构筑临时避难硐室，等待救援。

2. 井下避灾路线图的识读

井下避灾路线图是在矿井发生灾害时，井下人员安全撤离灾区至地面的路线图样，是矿井安全生产必备图样。

井下避灾路线图的主要内容如下：

1）矿井安全出口的位置。

2）矿井通风网络进风风流、回风风流的方向和路线。

3）井下发生瓦斯、煤尘爆炸，煤（岩）与瓦斯突出，矿井火灾时井下的避灾路线。

4）井下发生水灾时的避灾路线。

5）矿井巷道的名称。

二、应急预案的制定

煤矿应急预案又称应急计划，是针对可能的重大事故（件）或灾害，为保证迅速、有序、有效地开展应急与救援行动，降低事故损失而预先制定的有关计划或方案。

煤矿应急预案体系包括综合应急预案、专项应急预案和现场处置方案。其中，专项应急预案主要有煤矿瓦斯爆炸事故专项应急预案、煤矿煤尘爆炸事故专项应急预案、煤矿重大火灾事故专项应急预案、煤矿重大顶板事故专项应急预案、煤矿重大水灾事故专项应急预案和煤矿重大瓦斯突出事故专项应急预案等。煤矿企业应结合实际情况和紧急避险系统设置情况，注意综合应急预案、专项应急预案、现场处置方案之间及区队预案、作业预案、班组预案、个人和岗位预案的衔接，使之在实际操作的过程中具有连续性和实用性。

1. 综合应急预案

煤矿企业生产环境复杂，工作场所和生产条件不断变化，各类危险、危害因素及自然灾难严重威胁着煤矿的安全生产。针对这些重大事故隐患，必须制订应急预案，增强对安全生产事故风险和事故灾难应急管理的能力，有效控制和处理安全生产事故，最大限度地减少事故灾难造成的人员伤亡和财产损失。

针对可能发生的事故和所有存在的危险源制定综合应急预案，明确事前、事发、事中、事后过程中相关部门和有关人员的职责。

综合应急预案是企业应急管理的总纲，从总体上阐述事故的应急方针、政策，应急组织结构及应急职责，应急行动、措施和保障等基本要求和程序，是应对各类事故的综合性文件。综合应急预案的主要内容包括总则、生产经营单位概况、组织机构及职责、预防与预警、应急响应、信息发布、后期处置、保障措施、培训与演练、奖惩和附则共 11 个部分。

2. 专项应急预案

专项应急预案是针对具体的事故类别（如煤矿瓦斯爆炸、煤尘爆炸、火灾、水灾、突然停电等事故）、危险源和应急保障而制定的计划或方案，是综合应急预案的组成部分，应按照综合应急预案的程序和要求组织制定，并作为综合应急预案的附件。

专项应急预案要体现事故类型和危害程度，应急管理责任明确，应急响应及时迅速，救援程序进一步明确，应对措施正确、有效、具体，防范事故措施的针对性较强、可操作性较强，根据事故类型准备充分的应急资源和应急物资，具有立足自救，专为特定的事故救援所用等特点。专项应急预案应制定明确的救援程序和具体的应急救援措施。专项应急预案的主要内容包括事故类型和危害程度分析、应急处置基本原则、组织机构及职责、预防与预警、信息报告程序、应急处置和应急物资与装备保障 7 个部分。

3. 现场处置方案

现场处置方案是针对具体的装置、场所或设施、岗位所制定的应急处置措施。现场处置方案应具体、简单、针对性强。现场处置方案应根据风险评估及危险性控制措施逐一编制，做到事故相关人员应知应会、熟练掌握，并通过应急演练，做到迅速反应、处置正确。《生产经营单位安全生产事故应急预案编制导则》中规定，现场处置方案的主要内容包括事故特征、应急组织与职责、应急处置和注意事项 4 个部分。

矿井事故现场处置方案是针对矿井可能发生的事故制定的现场处置措施，具有简单实用、便于操作、针对性强的特点。现场处置方案是救援队伍到达前事故矿和现场人员应采取的处置方案，内容以自救互救、应急避灾和组织抢险救灾准备工作为主。

识读煤矿井下避灾路线图

1. 任务要求

能够识读矿井巷道分布情况及紧急避险设施和避灾路线分布情况。

2. 任务资料

某矿井下避灾路线图如图 3-12（见书后插页）所示。

任务考核

"井下避灾路线设置及应急预案制定"学习评价考核表见表 3-4。

表 3-4 "井下避灾路线设置及应急预案制定"学习评价考核表

	考核项目	考核标准	配分	自评	互评	教师评价
知识点	掌握不同灾害事故避灾方法	完整说出得满分,每少说一条扣2分	15分			
	了解紧急避险设施要求	完整说出得满分,每说错一条扣2分	10分			
	小计		25分			
技能点	识读井下巷道分布情况	熟练确定得满分;不熟练确定得1～19分;不会确定得0分	20分			
	识读紧急避险设施和避灾路线分布情况	熟练确定得满分;不熟练确定得1～29分;不会确定得0分	30分			
	小计		50分			
素质点	学习态度、学习习惯、发表意见情况、相互协作情况、参与度和结果	遵守纪律、态度端正、努力学习者得满分,否则得0～4分	5分			
		思维敏捷、学习热情高涨者得满分,否则得0～4分	5分			
		积极发表意见、有创新意见、意见采用者得满分,否则得0～4分	5分			
		相互协作、团结一致者得满分,否则得0～4分	5分			
		积极参与、结果正确者得满分,否则得0～4分	5分			
	小计		25分			
	合计		100分			

注:技能考核为20min,每提前1min完成奖励1分,最多奖励5分。

项目四

压风自救系统的建设

事故案例

事故概况：1989 年 12 月 19 日 16 时 52 分，某煤矿西翼 2201 回采工作面巷道掘进放炮时发生煤与瓦斯突出，突出煤量 500t，堵塞巷道 80m，突出瓦斯 50～60km³，风流逆转 1400m 以上。进风副井口瓦斯浓度 2%CH₄～4%CH₄。由于突出大量瓦斯，风流逆转，使整个西翼 38 位矿工遇险被困，其中 36 位矿工在压风自救防护袋的保护下安全脱险，另 2 位因过早离开压风自救防护袋而造成窒息死亡。

事故反思：煤矿企业必须按照《煤矿安全规程》等规定设置压风自救系统，加强人员培训和应急演练，确保井下人员能够正确掌握系统设备的使用方法，强化应急处置能力和应急心理素质。

项目描述

压风自救系统是当井下发生通风系统灾变时，为井下作业人员提供充足的新鲜空气，防止发生窒息事故的保障系统。

本项目以认识压风自救系统为目的，介绍压风自救系统的组成、相关规定与要求，压风自救装置的结构、使用方法、维护及故障排查等相关知识。以某矿压风自救系统为例，使学生认识并掌握压风自救系统的操作使用方法。

任务一 初识压风自救系统

任务描述

本任务学习内容包括压风自救系统的组成和功能，通过学习，使学生全面认识压风自救系统，掌握压风自救系统装置设置、操作与维护方法，明确压风自救系统对煤矿安全生产的重要意义。

相关知识

一、压风自救系统的组成

压风自救系统一般由地面空气压缩机站、井下压风管路和压风自救装置组成。

1. 地面空气压缩机站

地面空气压缩机站示意图如图 4-1 所示，主要包括供配电设施、空气压缩机、冷却循环系统、管路、管路附件、储气罐及各种监测监控和保护装置等。为煤矿井下用风机械提供空气动力源，也为井下应急避险系统提供稳定的新鲜空气。

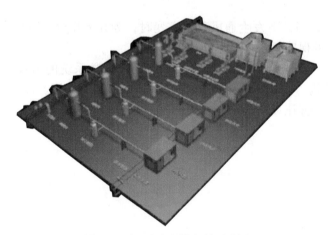

图 4-1 地面空气压缩机站示意图

2. 井下压风管路

井下压风管路是连接地面空气压缩机站与固定式自救装置的中枢，其组成包括主管、干管、支管、连接法兰、快速接头、弯头、管路三通（多通）、管路阀门、压力表和气水（油）分离器等装置。

（1）主管 主管主要承担全矿井、矿井一翼的输气任务，一般指空气压缩机站至井筒、井筒内、大巷敷设的管路。

（2）干管　干管是指连接主管与支管的管路。

（3）支管　支管是指由支（干）管到固定式自救装置的管路。

（4）快速接头　快速接头有卡箍式与插接式两种，主要作用与法兰相同。卡箍式快速接头由卡箍、端接、密封橡胶圈、螺栓和螺母等组成。插接式快速接头主要是用在终端临时用气或小型风动机械上，与支管的三通连接，是一种不需要工具就能实现管路连通或断开的接头。插接式快速接头结构与外形较丰富，一般有两端开闭式、两端开放式和单路开闭式。主要由母体、母体套圈钢珠滚动锁紧体、子体阀门和O形密封圈组成。

（5）管道阀门　管道阀门是在压缩气体系统中，用来控制压缩气体的方向、压力、流量的装置，具有导流、截止、节流、止回、分流、溢流和卸压等功能。按其功能分为截断阀、止回阀、溢流阀、调节阀、分流阀和排气阀等。

3. 压风自救装置

如图 4-2 所示，压风自救装置是一种自救设施，可安装在巷道、硐室或工作面中，利用矿井已装备的压缩空气管道系统供风。当井下发生灾变造成通风系统破坏时，遇险人员可迅速使用压风自救装置获得自救，或等待地面救援。

图 4-2　压风自救装置

压风自救装置按使用方法可分为呼吸面罩式压风自救装置和带防护袋式压风自救装置两类。

（1）呼吸面罩式压风自救装置　图 4-3 所示为 ZYJ（A）型呼吸面罩式压风自救装置结构图，它是一种隔离式呼吸保护装置。当煤矿或普通大气压的作业环境中发生有毒有害气体突出时，现场人员戴上隔离呼吸面罩，保证正常呼吸，从而不受毒气伤害。

ZYJ（A）型呼吸面罩式压风自救装置主要由气源接头、弹性导气管、气水分离器、减压器调节按钮、压力表、流量调节开关、快速接头、流量计、隔离呼吸面罩、放水阀等组成。隔离呼吸面罩的连接采用快速接头的方式，方便拆卸、清洗和更换。由于该自救装置采用的是流量调节方式来满足佩戴者的呼吸需要的，所以特别适宜人的正常呼吸，佩戴时感觉十分顺畅、舒服。由于采用开放式的供气方式，所以隔离呼吸面罩内始终处于正压力，使佩戴者不会受到毒气伤害。

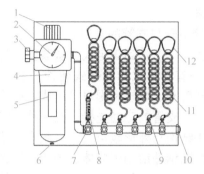

图4-3 ZYJ（A）型呼吸面罩式压风自救装置结构图

1—减压器调节按钮 2—压力表 3—气源接头 4—气水分离器 5—过滤器 6—放水阀
7—流量调节开关 8—流量计 9—快速接头 10—清洗螺母 11—弹性导气管 12—隔离呼吸面罩

　　地面空气压缩机站通过井下压风管路将压缩空气输送到井下工作面的压风自救装置中，经过减压、过滤、分流、限流后可供人体进行呼吸。当工作面出现有毒有害气体时，工作面上的施工人员可及时带上隔离呼吸面罩，打开流量调节开关进行自救。一台压风自救装置可同时供多人使用。

　　（2）防护袋式压风自救装置　图4-4所示为ZY-1型防护袋式压风自救装置结构图，主要用于具有煤与瓦斯突出的煤矿井下，安装于硐室、回采及掘进工作面、刮板输送机头部、井底车场、运输和回风巷道，以及各种站房等。当发生煤与瓦斯突出时，井下人员可就近进入装置的披肩防护袋内避灾自救。

　　ZY-1型防护袋式压风自救装置主要由功能装置呼吸器、披肩防护袋、球阀开关、内连接管、外连接管及接口等构成。其中功能装置呼吸器具有压力调节、流量调节、消声、过滤、泄水和防尘等6种功能。当避灾人员打开球阀开关进入披肩防护袋时，功能装置呼吸器已完成上述作用，无毒无害气体进入披肩防护袋内，供给避灾人员呼吸。

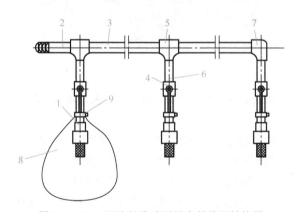

图4-4 ZY-1型防护袋式压风自救装置结构图

1—功能装置呼吸器 2—外连接管；3—内连接管 4—球阀开关
5—三通接口 6—球阀接管 7—弯头接管 8—披肩防护袋 9—卡箍

　　使用时，披肩防护袋内压力维持在0.05～0.1MPa，而防护袋外有毒气体压力较低，因此，披肩防护袋内形成正压力，袋外有毒气体无法侵入，避灾人员能够正常呼吸，保证了避灾人员的生命安全。

二、压风自救系统功能

1.减压作用

在不同的供气压力情况下，可将供气压力调减至 0.09MPa 以下，使避灾人员呼吸感到舒适。

2.流量调节

气体流量调节到人体最大呼吸量的两倍，使避灾人员有舒适、送气自然的感觉。

3.净化气体

除去供气中的污物、油雾和粉尘等。

4.消除噪声

消除减压过程中产生的噪声，使避灾人员感觉良好，无噪声干扰。

任务实施

压风自救装置的安装、使用与维护

一、压风自救装置的安装标准

1.采煤工作面压风自救装置的安装标准

1）在采面回、运顺距工作面 25～40m 处各安装一组压风自救装置，每组压风自救装置为 20 个呼吸袋，由采煤工区自己安装；采煤工区保证压风自救装置在距工作面 25～40m 范围内并能正常使用。

2）在避难硐室内安装的压风自救装置不少于 8 个；安装完毕经验收合格后，交使用单位统一管理和日常维护。

3）采面两顺槽施工钻孔时需安装压风自救装置的，由瓦斯防治工区向通防科汇报，由瓦斯防治工区进行安装，每组压风自救装置为 5 个呼吸袋，并由瓦斯防治工区打钻人员随着钻机一并移动，必须保证压风自救装置安装位置距打钻地点不得超过 20m 并能正常使用。钻孔施工完毕后及时回收。

4）采面需放炮的，在操纵放炮地点及站岗警戒地点安装压风自救装置，每组压风自救装置为 5 个呼吸袋。

5）在采面进回风巷内绞车处、固定排水点、运输摘挂钩点等有人固定工作的地点各安装一组压风自救装置，每组压风自救装置为 5 个呼吸袋。

6）采煤工作面范围内的压风自救装置由采煤工区进行统一管理和日常维护，并随着采面的回采及时向外挪移，不使用的必须向调度室汇报后及时回收。发现损坏时必须及时修复。

2. 掘进工作面压风自救装置的安装标准

1）在每个掘进工作面距迎头 25～40m 范围内安装一组压风自救装置，并不得少于 10 个呼吸袋；随着巷道掘进，由使用单位及时前移压风自救装置，始终保证压风自救装置距迎头在 25～40m 范围内并能正常使用。

2）在每个掘进巷道回风流中的固定排水点、绞车处、运输转载点等有人固定作业地点，各安装一组 5 个呼吸袋的压风自救装置。

3）工作面回风流中有人作业地点、放炮站岗警戒点、操纵放炮地点必须安装一组 5 个呼吸袋的压风自救装置。

4）瓦斯防治工区在掘进巷道内施工钻孔时，巷道内压风自救装置由瓦斯防治工区自己安装使用，待钻孔施工完毕后移交给掘进单位。

5）在掘进巷道避难硐室内安装一组不少于 12 个呼吸袋的压风自救装置；压风自救装置安装完毕经验收合格后，交由巷道施工单位统一管理和日常维护。

6）掘进巷道的压风自救装置由施工单位自己安装、管理、挪移和维护。不使用的必须向调度室汇报，并及时回收。巷道施工完毕形成工作面时移交采煤工区。

二、压风自救装置的操作、维护及故障排除

1. 呼吸面罩式压风自救装置的操作、维护及故障排除

（1）安装　呼吸面罩式压风自救装置从供气源起，每隔 50m 安装一组（一组建议 8 台），每台之间的安装距离≥3m。安装位置可根据实际情况调整，其安装示意图如图 4-5 所示。

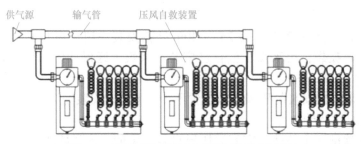

图 4-5　呼吸面罩式压风自救装置安装示意图

（2）操作使用方法　呼吸面罩式压风自救装置安装在井下工作面的压风管路上，当工作面发生瓦斯等有害气体突出时，遇险人员可迅速戴上隔离呼吸面罩，打开流量调节开关，新鲜空气以 300～420L/min 的总流量（单个面罩 50～60L/min）进入隔离呼吸面罩，从而获得自救，或等待地面救援。

每台呼吸面罩式压风自救装置上都装有气水分离器、减压器和压力表，且第一个隔离呼吸面罩前装有一个流量计，其余隔离呼吸面罩通过弹性导气管和快速接头与阀门相连，使用人员通过观察、调节第一个隔离呼吸面罩上流量计的流量，使其余面罩内的流量达到 60L/min。

流量和压力在出厂时已经调好并锁定，但在使用中，压风自救装置的压力、流量都可能发生变化。当压力或流量发生变化时，可以通过减压器、流量调节开关进行调节。

（3）维护及故障排除

1）压风自救装置安装调节好后，应定期进行维护，使其处于完好状态。一般每月或3个月对压风自救装置的通风情况进行检查，每2年对减压器标定一次，同时注意检查隔离呼吸面罩的破损情况，破损严重或不能起隔离作用的要及时更换。

隔离呼吸面罩、弹性导气管进行拆卸清洗或更换时，在手按压快速接头边缘的同时，将隔离呼吸面罩或弹性导气管的连接头从快速接头中取出，然后再进行清洗或更换。同时可将清洗螺母卸下，清洗分气管内部。

2）隔离呼吸面罩、弹性导气管在安装、调整、使用和维护的过程中，若用力过猛、使用不当都有可能造成其从快速接头中脱出（安装好的弹性导气管一般不会被拔出或旋转出来），如果弹性导气管从快速接头中脱出，佩戴人员可在检查原因后自行将其插上。

注意： 将弹性导气管插入快速接头时，必须用力插到底。

2. 防护袋式压风自救装置的操作、维护及故障排除

（1）安装　安装完成后要对全矿系统进行集中检查和个别抽查试用。抽查内容包括各连接部件是否牢固可靠、连接处的密封是否严密、管路有无漏气、披肩防护袋有无破损漏气、功能装置呼吸器是否通畅、开关是否灵活可靠等。

（2）操作使用方法　当井下发生煤与瓦斯突出，或发现有煤与瓦斯突出预兆，以及瓦斯严重超限时，现场工作人员应以最快速度进入压风自救装置，首先打开球阀开关，再解开披肩防护袋，迅速地进入袋内避灾，等待地面来人营救。使用完毕后，将球阀开关把手置于"关"的位置，以备下次再用。

（3）维护保养

1）工作人员接班后，不管装置使用与否，首先应检查压风自救装置及其系统是否完好。

2）检查送气口是否有气送出，球阀开关把手是否灵活可靠。

3）经检查符合要求后，按原样放置，以备使用。

 **任务考核**

"初识压风自救系统"学习评价考核表见表4-1。

表4-1　"初识压风自救系统"学习评价考核表

考核项目		考核标准	配分	自评	互评	教师评价
知识点	熟悉压风自救系统的作用及组成	完整说出得满分，每少说一条扣2分	10分			
	掌握两种类型压风自救装置的结构和运行原理	完整说出得满分，每说错一条扣2分	15分			
	了解压风自救装置的安装标准及维护保养方法	完整说出得满分，每说错一条扣2分	10分			
小计			35分			

（续）

	考核项目	考核标准	配分	自评	互评	教师评价
技能点	能够正确使用压风自救装置	熟练操作得满分；不熟练操作得 1～39 分；不会操作得 0 分	40 分			
	小计		40 分			
素质点	学习态度、学习习惯、发表意见情况、相互协作情况、参与度和结果	遵守纪律、态度端正、努力学习者得满分，否则得 0～4 分	5 分			
		思维敏捷、学习热情高涨者得满分，否则得 0～4 分	5 分			
		积极发表意见、有创新意见、意见采用者得满分，否则得 0～4 分	5 分			
		相互协作、团结一致者得满分，否则得 0～4 分	5 分			
		积极参与、结果正确者得满分，否则得 0～4 分	5 分			
	小计		25 分			
	合计		100 分			

注：1. 技能考核为 20min，每提前 1min 完成奖励 1 分，最多奖励 5 分；
　　2. 安全文明规范操作，可增加奖励分 5 分。

任务二　压风自救系统的设置与选型

任务描述

本任务通过对压风自救系统设置要求的学习，明确压风自救系统各组成部分需要满足的国家标准、行业标准及《煤矿安全规程》要求，为进一步掌握压风自救系统选型奠定理论基础。本任务的重点是压风自救系统各组成部分的选型原则及相关计算方法。

相关知识

一、压风自救系统的设置要求

1. 空气压缩机的设置要求

1）空气压缩机应设置在地面，对于深部多水平开采的矿井，当空气压缩机安装在地面难以保证对井下作业点有效供风时，可在其供风水平以上 2 个水平的进风井井底车场安全可靠的位置安装，并取得煤矿矿用产品安全标志，但不得选用滑片式空气压缩机。

2）空气压缩机在满足供气需求的同时，至少要有 1 台备用。

3）空气压缩机应符合国家标准、行业标准和《煤矿安全规程》等规定的要求，应配备压力表、溢流阀等，对水冷空气压缩机必须装设断油、断水、超温等安全保护装置。

4）空气压缩机宜采取顺序控制，实现自动化运行，并具有联网通信和远程监控功能。

5）空气压缩机应装备在线监测监控系统，以便有关人员可以随时了解空气压缩机的运行情况。

6）在空气压缩机站宜设置储气罐，并应在储气罐的出口管道上加装释压阀。释压阀的口径不得小于出风管的直径。储气罐应设在室外阴凉处，储气罐内的温度应保持在 120℃ 以下，并装有超温保护装置，在超温时可自动切断电源和报警。

2. 井下压风管路的设置要求

1）所有矿井采区避灾路线上（采掘工作面范围内）均应敷设压风管道，并设置供气阀门，间隔不大于 200m，水文地质条件复杂和极复杂的矿井应在各水平、采区和上山巷道最高处敷设压风管道，并设置供气阀门。

2）压风自救系统的管道规格应按矿井需风量、供风距离、阻力损失等参数计算确定，但主管道直径不小于 100mm，采掘工作面管道直径不小于 50mm。

3）井下使用多套压风系统的管道应进行联网。

4）压风管道应接入避难硐室，并设置供气阀门，接入的压风管道应设减压、消声、过渡等装置和控制阀，压风出口压力在 0.1 ~ 0.3MPa 之间，供风量不低于 $0.3m^3/$（min·人），连续噪声不大于 70dB。

5）井下压风管道的敷设应牢固平直，并采取保护措施，防止灾变破坏。进入避难硐室前 20m 的管道应采取保护措施（如在底板埋管或采用高压软管等）。

6）主送气管路应装集水放水器。在供气管路与自救装置连接处，要加装开关和油水分离器，压风自救系统阀门应安装齐全，阀门扳手要在同一方向，以保证系统正常使用。

3. 压风自救装置的设置要求

1）煤与瓦斯突出矿井应在距采掘工作面 25 ~ 40m 的巷道内、爆破地点、撤离人员与警戒人员所在的位置以及回风巷有人处等地点至少设置一组压风自救装置；在长距离的掘进巷道中，应根据实际情况增加压风自救装置的设置组数；每组压风自救装置应可供 5 ~ 8 人使用；其他矿井掘进工作面应敷设压风管道，并设置供气阀门。

2）压风自救装置应符合《矿井压风自救装置技术条件》的要求，并取得煤矿矿用产品安全标志。

3）压风自救装置应具有减压、节流、消声、过滤和开关等功能，零部件的连接应牢固、可靠，不得存在无风、漏风或呼吸袋破损长度超过 5mm 的现象。

4）压风自救装置的操作应简单、快捷、可靠。避灾人员在使用压风自救装置时，应感到舒适，无刺痛和压迫感。压风自救系统适用的压风管道供气压力为 0.3 ~ 0.7MPa；在 0.3MPa 压力时，压风自救装置的供气量应在 100 ~ 150L/min 之间，压风自救装置工作时的噪声应小于 85dB。

5）压风自救装置安装在采掘工作面巷道内的压缩空气管道上，或设置在宽敞、支护良好、水沟盖板齐全、没有杂物堆放的人行道侧，人行道宽度应保持在 0.5m 以上，管道敷设高度应便于现场人员自救应用。

6）压风自救系统应有完善的监测监控系统，保证压风自救系统的可靠性。

二、压风自救系统的选型

1. 空气压缩机的选型

（1）选型原则　合理选择矿山空气压缩机，就是在整个矿井服务年限内，在用风量达到最大值时，能提供足够数量的压缩空气，从而保证能为最远距离工作的风动机械提供供气压力；还要综合考虑空气压缩机组和空气压缩机站的投资与运行费用等综合性的技术经济指标，使之符合经济、安全、适用的原则。

（2）选型计算

1）空气压缩机供风量的计算。供风量应考虑受灾区域内的最多人数和管路漏风因素，要求空气压缩机的供风能力应等于或大于灾区需风量。

$$Q_压 = K_1 K_2 Nq \geqslant Q_需 \qquad (4-1)$$

式中　$Q_压$——空气压缩机供风能力（m^3/min）；

$Q_需$——受灾区域所需风量（m^3/min）；

K_1——压风管路漏风系数，$1.1 \sim 1.3$；

K_2——受灾区人员不均衡系数，1.1；

N——受灾区最多人数；

q——每个装置耗风量，$0.15m^3/min$。

2）空气压缩机出口压力的计算。压风自救装置压力源的压力为 $0.3 \sim 0.7MPa$，风动机械设计时取 0.5MPa。计算公式为

$$P = P_P + \sum \Delta P_i + 0.1 \qquad (4-2)$$

式中　P——空气压缩机的出口压力（MPa）；

P_P——风动工具压力（MPa）；

$\sum \Delta P_i$——最远一路管道各段损失之和，可按每千米管长压力损失 $0.03 \sim 0.04MPa$ 计算；

0.1——《煤炭工业矿井设计规范》规定的用气地点压力高于风动工具额定压力 0.1MPa。

3）空气压缩机单机流量和台数的确定。所有工作的空气压缩机的总供气量应大于或尽可能接近所需的供气量。选择时尽量做到设备少、占地面积小、使用灵活，同时考虑设备的供应情况。

地面空气压缩机站工作的空气压缩机台数 N_g 的计算公式为

$$N_{\mathrm{g}} = \frac{Q}{q} \qquad (4\text{-}3)$$

式中　Q——矿井所需压缩空气总量（$\mathrm{m^3/min}$）；

　　　q——所选空气压缩机排气量（$\mathrm{m^3/min}$）。

备用空气压缩机台数 N_{b} 的计算公式为

$$N_{\mathrm{b}} = N_{\mathrm{g}} \times K \qquad (4\text{-}4)$$

式中　K——空气压缩机备用系数，取 30%。

地面空气压缩机原则上不得多于 5 台，备用风量不少于总风量的 30%。对产能较大、输气距离较远的矿井，建议在每个回风井场地建地面空气压缩机站，实现分区供风，增强矿井抢险救灾的可靠性。

2. 压风管路的选型

压风管路是连接空气压缩机站与终端用气装置的枢纽，必须保证将所需的压缩空气输送到用风地点，压风管路应具有压降小、漏风少、不易损坏等特点，且具有抗腐蚀、抗冲击、抗高温、抗弯曲、抗挤压等能力，能适应煤矿生产及井下各种地质条件及灾害，如水灾、火灾、瓦斯及煤尘爆炸、地鼓、片帮和冒顶等。

1）压风管路应采用钢管，并应进行许用压力验算。

2）压风自救系统的管路规格应按矿井需风量、供风距离、阻力损失等参数确定，但主管路直径不小于 100mm，采掘工作面管路直径不小于 50mm。

3）管路铺设要求牢固、平直，接头严密不漏风，离地高度 0.5m 以上。气源接口处要有总阀门，便于压风自救系统的维护。

4）在巷道铺设口处的压风管路上设置油水分离器（小风包），保证供风清洁，防止压风自救装置喷头堵塞。

 **任务实施**

空气压缩机选型计算

某矿地面空气压缩机站内选用 SE250A-8/D 型风冷式螺杆空气压缩机为井下用风机械提供空气动力源，也为井下应急避险系统提供稳定的新鲜空气。该型号空气压缩机性能参数为排气量 47.4$\mathrm{m^3/min}$，排气压力 0.85MPa。每台空气压缩机随主机配 1 台三相异步电动机（250kW、1475r/min、10kV）及 1 个 5$\mathrm{m^3}$ 储气罐。

若井下最大班作业人数按 260 人考虑，每人救援用气量为 0.3$\mathrm{m^3/min}$，考虑 20% 的富裕能力，试计算井下人员救援用气量，并确定空气压缩机的台数，使空气压缩机站供气能力能够满足井下人员救援用气量的要求。

"压风自救系统的设置与选型"学习评价考核表见表4-2。

表 4-2 "压风自救系统的设置与选型"学习评价考核表

	考核项目	考核标准	配分	自评	互评	教师评价
知识点	熟悉空气压缩机的设置要求	完整说出得满分,每少说一条扣2分	10分			
	熟悉压风管路的设置要求	完整说出得满分,每说错一条扣2分	10分			
	熟悉压风自救装置的设置要求	完整说出得满分,每说错一条扣2分	15分			
	小计		35分			
技能点	能够正确完成空气压缩机的选型计算	正确选型得满分;不熟练选型得1～39分;不会得0分	40分			
	小计		40分			
素质点	学习态度、学习习惯、发表意见情况、相互协作情况、参与度和结果	遵守纪律、态度端正、努力学习者得满分,否则得0～4分	5分			
		思维敏捷、学习热情高涨者得满分,否则得0～4分	5分			
		积极发表意见、有创新意见、意见采用者得满分,否则得0～4分	5分			
		相互协作、团结一致者得满分,否则得0～4分	5分			
		积极参与、结果正确者得满分,否则得0～4分	5分			
	小计		25分			
合计			100分			

注:技能考核为20min,每提前1min完成奖励1分,最多奖励5分。

项目五

供水施救系统的建设

🔍 事 故 案 例 ▶

事故概况：2007 年 7 月 28 日至 29 日上午，河南省三门峡地区普降大雨，导致山洪暴发，造成某公司发生淹井事件，69 人被困井下。

救援过程中，救援队利用井下压风管道向被困人员输送新鲜空气和营养液，保证了被困人员的身体健康和生命安全，最后 69 人全部营救出井。

事故反思：煤矿企业必须结合自身安全避险的需求，在按照《煤矿安全规程》等规定建设完善防尘、供水系统的基础上，建设完善的供水施救系统，确保系统能够在灾变情况下向被困区域人员输送饮用水和营养液。供水施救系统是有效遏制煤矿重特大事故，降低矿井瓦斯、煤尘、火灾事故危害程度的综合治理体系，是以人为本、安全发展理念的重要体现。

🔍 项 目 描 述 ▶

在矿井正常生产时期，供水施救系统能够满足矿井生产、防尘、打钻等用水的需要；在矿井发生灾害时，供水施救系统能为消防灭火提供水源，并能向被困区域人员输送饮用水和营养液。

本项目以认识供水施救系统为目的，介绍供水施救系统的组成、相关规定与要求，供水自救装置的结构、使用方法、维护及故障排查等相关知识。本项目以某矿供水施救系统为例，使学生认识并掌握供水自救装置的操作使用方法。

任务一 初识供水施救系统

任务描述

本任务学习内容包括供水施救系统的组成、功能及各部分安装设置要求。通过学习，使学生全面认识供水施救系统，掌握供水施救系统各装置设置原则与要求，明确供水施救系统对煤矿安全生产的重要意义。

相关知识

供水施救系统一般由清洁水源、供水管路和供水自救装置等组成。

一、清洁水源

供水施救系统中，向井下供应的水必须符合国家生活饮用水卫生标准。水源为深井水或自来水，且经检测达到饮用水要求的，可以直接供水；对于未达标的，需要建设地面水净化处理系统对其进行多级处理后，通入井下使用。

二、供水管路

2010 年，国家安全生产监督管理总局《关于印发金属非金属地下矿山安全避险"六大系统"安装使用和监督检查暂行规定的通知》中明确规定：井下供水管路应采用钢管材料，并加强维护，保证正常供水。

根据相关规定和矿井井下环境以及抗灾的需要，选用钢质材料作为井下供水管路，主要有无缝钢管、焊接钢管和复合钢管。

无缝钢管一般用普通碳素钢、优质碳素钢、普通低合金钢和合金结构钢制造，用于制作输送液体管道。焊接钢管一般由碳素软钢制造，是管道工程中最常用的一种小直径的管材，适用于输送水、煤气、蒸汽等介质。复合钢管是以焊接钢管为中间层，内外层为聚乙（丙）烯塑料，采用专用热熔胶，通过挤压成型方法复合成一体的管材，主要有钢塑复合管和涂塑钢管两种，钢塑复合管由于其优越的性能，在各行业普遍推广。

三、供水自救装置

供水自救装置是供水施救系统中重要的设备之一，当井下发生灾变时，可以确保受灾人员在恶劣环境下喝到安全卫生的饮用水。KGS-2 型矿用供水自救装置如图 5-1所示。

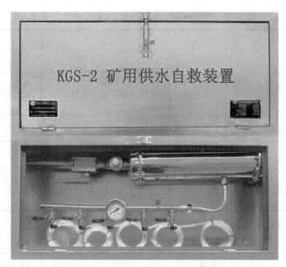

图 5-1 KGS-2 型矿用供水自救装置

　　KGS-2 型矿用供水自救装置采用目前流行的水质过滤先进工艺，即 PP 棉滤芯、颗粒活性炭滤芯、压缩活性炭滤芯、超滤膜及后置活性炭等 5 级过滤工艺。

　　（1）PP 棉滤芯　能有效去除水中的较精杂质，包括铁锈、淤泥、胶状物等。

　　（2）颗粒活性炭滤芯　滤除水中的氯、三氯甲烷等化学物质及异色异味。

　　（3）压缩活性炭滤芯　再次对水中细微杂质、化学物质进行精密过滤。

　　（4）超滤膜　孔径为 $0.01\mu m$，能够有效去除水中铁锈、细菌等污染物。通过超滤膜过滤的水可以直接饮用。

　　（5）后置活性炭　进一步深层次吸附水中有害物质，调节水的口感，使出水甘甜可口。

 任务实施

识读供水施救系统图

1. 任务要求

能够识读矿井巷道分布情况及系统设备布置情况。

2. 任务资料

某矿供水施救系统和压风自救系统设备布局图如图 5-2（见书后插页）所示。

 任务考核

"初识供水施救系统"学习评价考核表见表 5-1。

表 5-1 "初识供水施救系统"学习评价考核表

考核项目		考核标准	配分	自评	互评	教师评价
知识点	认识供水施救系统主要设备并知道其作用	完整说出得满分，每少说一条扣2分	15分			
	供水施救系统布置要求	完整说出得满分，每说错一条扣2分	10分			
	小计		25分			
技能点	识读井下巷道分布情况	熟练确定得满分；不熟练确定得1～19分；不会确定得0分	20分			
	识读供水施救系统设备布置情况	熟练确定得满分；不熟练确定得1～29分；不会确定得0分	30分			
	小计		50分			
素质点	学习态度、学习习惯、发表意见情况、相互协作情况、参与度和结果	遵守纪律、态度端正、努力学习者得满分，否则得0～4分	5分			
		思维敏捷、学习热情高涨者得满分，否则得0～4分	5分			
		积极发表意见、有创新意见、意见采用者得满分，否则得0～4分	5分			
		相互协作、团结一致者得满分，否则得0～4分	5分			
		积极参与、结果正确者得满分，否则得0～4分	5分			
	小计		25分			
合计			100分			

注：技能考核为20min，每提前1min完成奖励1分，最多奖励5分。

任务二 供水施救系统的设置

 任务描述

本任务通过学习《煤矿安全规程》《煤矿井下粉尘综合防治技术规范》等文件对供水施救系统的规定，明确供水施救系统各装置安装与维护的基本原则与要求。

⚙ 相关知识

一、供水施救系统设置一般要求

1）供水施救系统应符合《煤矿安全规程》《煤矿井下粉尘综合防治技术规范》等有关规定，系统中的设备应符合有关标准及各自企业产品标准的规定。

2）自制件经检验合格，外协件、外购件具有合格证或经检验合格方可用于装配。

3）供水施救装置的水管、三通及阀门及仪表等设备的材料应符合 GB/T3836 等相关规定。

4）供水施救装置的水管、三通及阀门及仪表等设备的耐压材料不小于工作压力的1.5 倍。

5）供水施救装置零部件的连接应牢固、可靠。

6）供水施救装置的操作应简单、快捷、可靠。

7）供水施救装置的外表面涂、镀层应均匀、牢固。

8）供水施救装置应具有减压、过滤、三通及阀门等功能。

9）饮用水质应符合《饮用净水水质标准》的规定。

10）供水水源应需要至少 2 处，以确保在灾变情况下正常供水。

11）供水施救系统的供水应保持 24h 有水。

12）避灾人员在使用供水施救装置时，应保障阀门开关灵活、流水畅通。

二、供水施救系统设置技术要求

1）供水施救系统以矿井防尘供水系统为基础，合理拓展水网，增强功能，满足紧急情况下的供水施救。

2）供水施救系统由供水水源、供水管路、三通、阀门、过滤装置、减压装置、供水自救装置及监测供水管路系统等辅助设备组成。

3）供水水源应引自消防水池或专用水池。使用井下水源时，应与地面供水管网连接形成系统。地面水池应采取防冻和防护措施。

4）供水施救系统水源应 24h 供水，水量、水质满足需要。

5）供水管路、管件和阀门型号应符合设计要求，管路应吊挂平直，不拐死弯，连接紧密；阀门管件规格与相关管路匹配。

6）采区避灾路线、井下主要巷道、采区上下山、采煤工作面运输巷和回风巷、掘进巷道必须敷设防尘供水管路，每隔 50m 或 100m 设置支管和阀门。

7）所有采掘工作面、人员较集中地点、井下各作业地点应设置供水阀门，保证各采掘作业地点在灾变期间能够实现应急供水。

8）供水管路应设过滤装置，应能在紧急情况下为避险人员供水并输送营养液。

9）供水管路应采取保护措施，防止灾变破坏。

10）避难硐室必须安设供水支管和阀门。

11）供水阀门设置地点前后 5m 范围内，应支护完好，无杂物、积水现象，必要时设置排水沟。

12）井下巷道应有指向供水阀门的明显标识，供水阀门应实行挂牌管理。

13）矿井应绘制供水施救系统图，图中应标明减压装置、过滤装置及供水阀门布置位置。

14）新采区设计、采掘工作面作业规程中应明确供水施救管路系统及供水阀门布置方式和位置。

15）加强对供水管路的管理、维护，每天对供水系统、管路及其附属设施进行检查，杜绝跑、冒、漏、滴现象，确保阀门开关灵活、流水畅通、系统正常。

16）矿井应明确供水施救系统管理机构，配备专业管理、技术、维修人员；建立供水施救系统管理制度，建立检查维修台账。

供水施救系统装置的安装

一、供水自救装置的安装

供水自救装置安装时，先将减压阀压力调至最低，然后接好井下供水管路。顺时针方向缓慢调整减压阀，待压力表指针指向 0.5MPa 时，停止调整，并拧上调节孔螺帽，再逐个打开每个供水阀门，检查每个供水管是否有足够清洁水流出。若供水正常，关上供水装置箱门，插好箱门插销。如在紧急情况下，井下人员需要施救饮水时，则打开箱门，再打开相应出水口的阀门，井下人员就可以直接喝上干净的水，等待救援。

一般在大巷中、上下顺槽、掘进头装设供水自救装置。安装时，需严格依照煤矿安全生产章程进行。最好安装在靠巷道边沿，或专门避灾的小硐室里，这样既不妨碍运输，也可以延长供水自救装置使用寿命。具体安装要求如下：

1）供水自救装置应安装在工作面、硐室或安全硐室紧邻处，与压风自救装置配套使用，饮水阀门高度一般距巷道底板 1.2m，方便避灾人员拿到引水管。

2）安装地点要选择在顺槽的两片帮顶底板完善平坦处，防止摔跤和由于片帮和冒顶而打伤人员，达不到救灾的目的。

3）供水阀门手柄方向一致，应与巷道平行。

二、供水管路的安装

1）根据供水施救系统的建设宗旨和目的，井下供水管路要达到以下要求：

① 供水管路要采用钢管，敷设方式应合理，强度要达到能有效避免爆炸冲击、巷道冒顶时岩石砸落等灾害的冲击。特别是接入避难硐室前的 20m 供水管路，要采取埋设或外保护等强化保护措施。采取埋设的，以埋入底板以下 10cm 为宜。

② 供水管路直径、阻力满足供水能力的要求，卫生条件要符合要求。

③ 供水管路的敷设要做好防腐蚀处理。

2）在设计井下供水管路时，应遵守下述要求：

① 计算流量时，只计算同一地点、同一时间内的各种设施的用水量。

② 应保证最边远的不利点的用水量要求与相应的水压，并适当留有余量。

③ 管壁厚度、各类支架强度应通过计算确定，管件、阀门、消火栓等应与所在管路压力相一致。

④ 采用静压供水时，对局部压力过高的管段，宜采用降压水箱、减压阀等方式进行减压。

⑤ 当各种设施进口处压力超过该设施工作压力时，宜采用减压阀、节流管、减压孔板等方式进行减压。

⑥ 供水管路接口应采用牢固、耐用，便于拆装的接口管件。

3）在敷设井下供水管路时，应遵守下述要求：

① 所有矿井采区避灾路线上（采掘工作面范围内）应敷设供水管路，压风自救装置处和供压气阀门附近应安装供水阀门。

② 供水管路宜使用井下消防洒水管路。有些矿井因设备需要采用纯净水冷却系统，可独立设置纯净水管路并兼作供水管路。

③ 供水施救系统应保证供水管路及每个用水设备和器具均在允许的压力范围内工作，在必要时应设置加压或减压设施以满足最不利供水点的要求。

④ 当供水施救系统采用井下水源或井下管路延伸后出现压力不足时，在井下宜设置加压泵，给水加压设施宜按固定加压泵站要求设计。

⑤ 需减压的井下管路宜采用减压阀降低下游管路的压力，在减压阀前的管路上应设过滤器。

⑥ 供水管路可采用枝状管网，有条件时宜形成环状管网；在干管直线段上应每隔一段距离设一个检修阀。供水管路的规格应保证在计算流量下，各用水点的水压均能满足用水需要。

⑦ 供水管路应接入紧急避险设施，并设置供水阀，水量和水压应满足额定数量人员避险时的需要，接入避难硐室和救生舱前的 20m 供水管路要采取保护措施。

三、供水阀的安装

1. 供水阀的设置位置

1）设有供水管路的各条大巷、上下山及顺槽每隔 100m（带式输送机巷道为 50m）宜设置规格为 DN25 的供水阀。

2）掘进巷道中岩巷每 100m、煤巷每 50m 宜设置规格为 DN25 的供水阀。

3）溜煤眼、翻车机、转载点等需要冲洗巷道的位置。

4）湿式凿岩及湿式煤电钻的引水管或分水器的引水管、注水泵、喷雾泵及吸水桶的进水管，宜通过软管与供水施救系统的供水阀相接。供水阀的规格必须与用水点的最大流量匹配。

5）重点保护区域及井下交通枢纽的 15m 以内。

① 主、副井筒马头门两端。

② 采区各上下山口。

③ 变电所等机电硐室入口。

④ 爆炸材料库硐室、检修硐室、材料库硐室入口。

⑤ 掘进巷道迎头。

⑥ 回采工作面进、回风巷口。

⑦ 带式输送机机头。

6）有火灾危险的巷道内。

① 斜井井筒、井底车场、带式输送机大巷每隔50m处。

② 用可燃性材料支护的巷道每隔50m处。

③ 岩石大巷、石门每隔300m处。

7）紧急避难硐室内应设置供水阀。

2. 供水阀的安装要求

1）供水阀应由带阀门的三通支管及水龙带接口组成。

2）供水阀口安装高度可根据巷道情况确定，但宜设置在距巷道底面0.8～1.6m的范围之内。

3）供水阀设置应标志明显、使用方便，不妨碍井下其他设备的工作，且不易因物体碰撞而损坏。

4）设有专用消防加压泵或电动消防切换阀，且井下条件允许时，应在供水阀附近设置起动按钮。

5）水龙带、水枪及与供水阀的接管件等器材存放点的设置位置。

① 入口设有供水阀的机电硐室、仓库硐室附近。如相距不到150m，可设集中存放点。

② 带式输送机机头上风侧的供水阀附近。

③ 采区的上下山口。

④ 除以上地点外的其他设有供水阀的巷道内，每500m距离或靠近联络巷的位置。

6）水龙带存放点的设置及器材的配置应符合下列原则：

① 水龙带应采用适合于井下使用及长期存放的材质。

② 水龙带接口应与供水阀匹配，或配备与供水阀连接的专用接管件。

③ 每个水龙带存放点至少存放两卷25m长的水龙带，并同时存放50m左右D25消防卷盘及与供水阀连接的专用连接管件等。

④ 水龙带、水枪及接管件存放在标志明显、取用方便、靠近供水阀的地方，且不得妨碍井下其他设备的工作。

四、供水自救装置的日常维护

1）供水自救装置实行挂牌管理，明确维护人员应进行周检。

2）周检供水管路是否存在跑、冒、滴、漏等现象。

3）周检阀门开关是否灵活等。

4）需定期排放水，保持饮水质量。

5）做到发现问题及时上报并做相应的处理。

 任务考核

"供水施救系统的设置"学习评价考核表见表5-2。

表 5-2　"供水施救系统的设置"学习评价考核表

考核项目		考核标准	配分	自评	互评	教师评价
知识点	供水自救装置安装要求	完整说出得满分，每说错一条扣2分	10分			
	供水管路及供水阀安装要求	完整说出得满分，每说错一条扣2分	15分			
	小计		25分			
技能点	正确使用供水自救装置	熟练确定得满分；不熟练确定得1～29分；不会确定得0分	30分			
	能够进行供水自救装置维护检查	熟练操作得满分；不熟练操作得1～19分；不会操作得0分	20分			
	小计		50分			
素质点	学习态度、学习习惯、发表意见情况、相互协作情况、参与度和结果	遵守纪律、态度端正、努力学习者得满分，否则得0～4分	5分			
		思维敏捷、学习热情高涨者得满分，否则得0～4分	5分			
		积极发表意见、有创新意见、意见采用者得满分，否则得0～4分	5分			
		相互协作、团结一致者得满分，否则得0～4分	5分			
		积极参与、结果正确者得满分，否则得0～4分	5分			
	小计		25分			
合计			100分			

注：1. 技能考核为20min，每提前1min完成奖励1分，最多奖励5分。

2. 安全文明规范操作，可增加奖励分5分。

项目六

通信联络系统的建设

事故案例

事故概况：2007 年 7 月 29 日 8 时 30 分左右，某煤矿东风井发生淹井事故，69 人被困。事故后其他通信设施都被破坏，只有事故矿井井口的一部调度通信电话能正常工作。抢险救灾过程中，正是通过这部调度电话，使井上随时与井下保持联络沟通，这种沟通极大地鼓舞了被困人员的信心，为救援工作提供了可靠的支持。

事故反思：煤矿企业应按照在灾变期间能够通知人员撤离和实现与避险人员通话的要求，建设和完善通信联络系统，坚强的通信联络系统是井下减灾救灾的生命线。

项目描述

通信联络系统是煤矿生产调度、安全避险和应急救援的重要系统，实现井上、井下和各个作业地点通信联络，为防灾、抗灾和快速抢险救灾提供准确的信息。

本项目以认识通信联络系统为目的，介绍通信联络系统的特点、组成、作用与功能等内容，并通过识读系统布局图，熟悉通信联络系统设备的设置要求、设置地点与位置等；通过介绍矿用调度通信系统、广播通信系统及矿用无线通信系统，引用具体的数字程控调度通信系统及新一代 5G 矿用无线通信系统实例，使学生进一步加深对通信联络系统的认识。

任务一 初识通信联络系统

任务描述

通信联络系统可实现井上、井下和各个作业地点通信联络，为防灾、抗灾和快速抢险救灾提供准确的信息。本任务主要学习通信联络系统的特点、组成、作用与功能等内容。通过识读系统布局图，熟悉通信联络系统设备的设置要求、设置地点与位置等。

相关知识

一、矿井通信联络系统的特点

矿井通信联络系统是矿井生产调度和抢险救灾的重要工具。煤矿井下是一个特殊的工作环境，因此，矿井通信联络系统不同于一般地面通信系统，它具有如下特点：

（1）电气防爆 煤矿井下具有甲烷等可燃性气体和煤尘，因此，矿井通信设备必须是防爆型电气设备，并宜采用安全性能好的本质安全型防爆措施。

（2）无线传输衰耗大 煤矿井下空间狭小，且有风门、机车等阻挡体，巷道倾斜，有拐弯和分支，巷道表面粗糙等，无线传输衰耗大。

（3）设备体积小 煤矿井下空间狭小，因此，矿井通信设备的体积，特别是天线体积不能很大，便携式移动台更要注意设备的体积和重量。

（4）功率小 本质安全型防爆电气设备的最大输出功率为25W左右。为将矿井通信设备制成本质安全型防爆电气设备，设备的功率一般较小。

（5）抗干扰能力强 煤矿井下空间窄小，机电设备相对集中、功率大，电磁干扰严重，特别是大型机电设备启停、架线电机车电火花等对通信设备干扰大，故矿井通信设备应具有较强的抗干扰能力。

（6）防护性能好 矿井通信设备应具有防尘、防水、防潮、防腐及耐机械冲击等性能。

（7）电源电压波动适应能力强 井下电网电源电压波动范围为75%～110%，有时甚至达到75%～120%，因此，矿井通信设备应具有较强的电源电压波动适应能力，特别是当电网停电时，应由备用电源维持不少于2h的正常工作。

（8）抗故障能力强 煤矿井下环境恶劣，设备故障率高，人为破坏事件时有发生，因此系统应具有较强的抗故障能力。当系统中某些设备发生故障时，不会造成整个系统瘫痪，其余非故障设备仍能继续工作。

（9）服务半径大 矿井通信服务半径一般为十几千米，同一般建筑物内、公路隧道、铁路隧道等限定空间的移动通信相比，服务半径较大。

（10）信道容量大 煤矿井下是一个移动的工作环境，随着煤炭的开采、巷道的开拓与掘进，工作场所一直在移动，现有有线调度电话均受到局限。随着移动通信系统可靠性和通信质量的提高，功能的完善，成本的降低，通信系统将承担大量的生产调度与救灾通信任务，因此需要通信联络系统具有较大的信道容量。另外，井下电机车等移动设备的监控和便携式仪器入网也需信道容量较大的移动通信网。

（11）移动速度慢 矿井移动通信系统移动台的移动速度较慢，这主要是因为矿井运输工具主要为带式输送机、电机车、单轨吊车、斜井绞车、罐笼等，其运行速度远远低于火车、汽车等陆地运输工具。

二、通信联络系统的组成及工作原理

矿井通信联络系统包括矿用调度通信系统、矿井广播通信系统、矿井移动通信系统和矿井救灾通信系统。煤矿应装备矿用调度通信系统，积极推广应用矿井广播通信系统和矿井移动通信系统；救护队应装备矿井救灾通信系统。

1. 矿用调度通信系统

矿用调度通信系统一般由矿用本质安全型防爆调度电话、矿用程控调度交换机（含安全栅）、调度台、电源、电缆等组成，如图6-1所示。矿用本质安全型防爆调度电话实现声音信号与电信号转换，同时具有来电提示、拨号等功能。程控调度交换机控制和管理整个系统，具有交换、接续、控制和管理功能。调度台具有通话、呼叫、强插、强拆、来电声光提示和录音等功能。

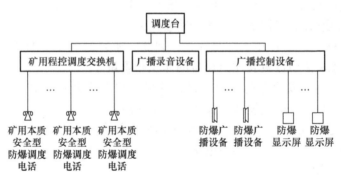

图 6-1 矿用调度通信系统和矿井广播通信系统

2. 矿井广播通信系统

矿井广播通信系统一般由调度台、矿用程控调度交换机、广播录音及控制设备、防爆广播设备、防爆显示屏、矿用本质安全型防爆调度电话、电缆等组成，如图6-1所示。地面广播录音及控制设备具有广播、录音和控制等功能，一般由矿用程控调度交换机和调度台承担。防爆广播设备将电信号转换为大功率声音信号，及时广播事故地点、类别和逃生路线等。防爆显示屏显示事故地点、类别和逃生路线等信息。

3. 矿井移动通信系统

矿井移动通信系统一般由调度台、系统控制器、矿用本质安全型防爆手机、矿用防爆基站、移动台、电源、电缆（或光缆）等组成，如图 6-2 所示。矿用本质安全型防爆手机实现声音信号与无线电信号的转换，具有通话、来电提示、拨号和短信等功能，部分矿用本质安全型防爆手机还具有图像功能。矿用防爆基站实现有线/无线转换，并具有一定的交换、接续、控制和管理功能。系统控制器控制和管理整个矿井移动通信系统的设备，具有交换、接续、控制和管理等功能。调度台具有通话、呼叫、强插、强拆、广播和来电声光提示等功能。

4. 矿井救灾通信系统

矿井救灾通信系统一般由矿用本质安全型防爆移动台、矿用防爆基站（含话机）、矿用防爆基站电源（可与基站一体化）、地面基站通信终端、电缆（或光缆）等组成，如图 6-3 所示。矿用本质安全型防爆移动台实现声音信号与无线电信号的转换，具有通话、呼叫和来电提示等功能。矿用防爆基站实现有线/无线转换，具有交换、接续、控制、管理、通话、呼叫和来电提示等功能。地面基站通信终端具有通话、呼叫和来电提示等功能。

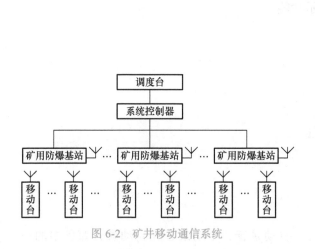

图 6-2 矿井移动通信系统

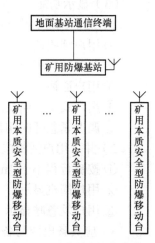

图 6-3 矿井救灾通信系统

三、通信联络系统作用与功能

1. 矿井通信联络系统的作用

1）煤矿井下作业人员可通过通信联络系统汇报安全生产隐患、事故情况、人员情况等，并请求救援等。

2）调度室值班人员及领导可通过通信联络系统通知井下作业人员撤出和逃生路线等。

3）日常生产调度通信联络等。

4）矿井救灾通信系统主要用于灾后救援。

2. 矿井通信联络系统的功能

（1）调度功能

1）调度通过手机以及扩音对讲方式均能与系统内的任一用户实现无阻塞通话，并具备以下功能：

①调度呼叫用户时，总机台上应有发铃显示，话机应有收铃响应，用户摘机后总机应能自动截铃。

②用户呼叫调度时，总机台上应有可闻信号及地址显示。

2）系统有双向急呼功能，并具备以下功能：

①用户应能紧急呼叫调度，此时总机应有区别于正常呼叫的可见、可闻信号及地址显示。

②调度应能紧急呼叫任一个、一组或全部用户，总机有相应显示，话机应有区别于正常振铃的可闻信号。

③自动或人工投入录音设备。

3）调度能监视用户的通话状态，并具备监听、插入和强拆功能。

（2）交换功能　通过人工接续或自动接续的方式，可实现用户间的呼叫通话，总机台上应有相应的操作显示及用户的状态显示。

（3）显示功能

1）总机调度台上至少应具备以下显示功能：

①用户呼叫调度。

②调度呼叫用户。

③用户通话。

④用户紧急呼叫调度。

⑤调度紧急呼叫用户。

2）井下用户话机应具备以下显示功能：

①按键行程小于1mm时的报警指示。

②用户摘机显示。

③用户发急呼显示。

3）应具备电源与备用电源切换显示。

（4）录音功能　系统应具备手动录音、自动录音、手动录音和自动录音兼备中的一种录音功能。

（5）汇接功能

1）通过中继线路能实现与其他通信系统的连接。

2）调度与中继用户通话过程中需暂停时，总机应具备将通话用户保留，再与中继用户继续通话的功能。

3）通过专用汇接装置，总机的用户线可与煤矿井下局部通信装置（又称子系统）连接。

（6）通播功能　调度能将煤矿井下用户话机全部或部分打开，实现话音通播，此时录音设备应自动或手动投入。

（7）电源自动切换功能　备用电源应能实现自动切换。备用电源的要求由各自产品标准规定，但其容量应保证系统连续运行不低于2h。

任务实施

识读通信联络系统图

1. 任务要求

能够识读矿井巷道分布情况及系统设备布置情况。

2. 任务资料

某矿通信联络系统设备布局图如图 6-4（见书后插页）所示。

任务考核

"初识通信联络系统"学习评价考核表见表 6-1。

表 6-1　"初识通信联络系统"学习评价考核表

考核项目		考核标准	配分	自评	互评	教师评价
知识点	认识通信联络系统主要设备并知道其作用	完整说出得满分，每少说一条扣 2 分	15 分			
	了解通信联络系统布置要求	完整说出得满分，每说错一条扣 2 分	10 分			
	小计		25 分			
技能点	识读井下巷道分布情况	熟练确定得满分；不熟练确定得 1～19 分；不会确定得 0 分	20 分			
	识读通信联络系统设备布置情况	熟练确定得满分；不熟练确定得 1～29 分；不会确定得 0 分	30 分			
	小计		50 分			
素质点	学习态度、学习习惯、发表意见情况、相互协作情况、参与度和结果	遵守纪律、态度端正、努力学习者得满分，否则得 0～4 分	5 分			
		思维敏捷、学习热情高涨者得满分，否则得 0～4 分	5 分			
		积极发表意见、有创新意见、意见采用者得满分，否则得 0～4 分	5 分			
		相互协作、团结一致者得满分，否则得 0～4 分	5 分			
		积极参与、结果正确者得满分，否则得 0～4 分	5 分			
	小计		25 分			
合计			100 分			

注：技能考核为 20min，每提前 1min 完成奖励 1 分，最多奖励 5 分。

矿用调度通信系统与广播通信系统的认识

任务描述

矿用调度通信系统与广播通信系统在解决煤矿安全保障、通信管理、生产组织等实际问题中发挥着重要作用。本任务主要学习矿用调度通信系统与广播通信系统的组成、功能及特点等内容。通过了解数字程控调度通信系统实例，进一步加深对系统的认识。

相关知识

一、矿用调度通信系统

矿用调度通信系统的特点是结合了语音和调度通信的功能，包括呼叫、监听、插话、夺话、强拆、分组、组呼、单听、听说、添加/删除临时成员和录音等。矿用调度通信系统可以分为两大类，分别是以程控交换机为核心的矿用程控调度通信系统和以数据网络（IP Network）为传输平台的矿用 IP 调度通信系统。依据传输介质的不同，矿用调度通信系统还可以分为矿用有线调度通信系统和矿用无线调度通信系统，但就目前的技术现状，完全的矿用无线调度通信系统技术上尚不成熟，多数是形成有线和无线相结合的矿用调度通信系统，而且矿用调度通信系统的无线部分常与移动通信、定位功能相融合。

目前，国内大部分矿井调度通信系统装备大、设备结构复杂，并且各自独立，不能达到安全生产、信息资源共享的要求。智能化综合调度通信系统为矿井的安全高效生产和抢险救灾提供了可靠的指挥装备。矿用调度通信系统属于矿用电子和通信技术应用领域，是根据我国矿业的实际需求研究开发的，特别适合在矿业作业环境恶劣的条件下使用。

矿用有线程控调度通信系统一般由矿用本质安全型防爆调度电话、矿用程控调度交换机（含安全栅）、调度台、电源和电缆等组成，如图 6-5 所示。矿用程控调度交换机、调度台和电源设置在地面，矿用本质安全型防爆调度电话设置在煤矿井下。矿用本质安全型防爆调度电话实现声音信号与电信号转换，同时具有来电提示、拨号等功能；程控调度交换机控制和管理整个系统，具有交换、接续、控制和管理功能；调度台具有通话、呼叫、强插、强拆、来电声光提示和录音等功能。

矿用有线调度通信系统除用于日常生产调度通信联络外，煤矿井下作业人员可通过通信系统汇报安全生产隐患、事故情况、人员情况，并请求救援等。调度室值班人员及领导通过通信系统通知井下作业人员撤离和逃生路线。

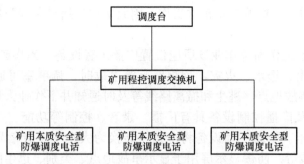

图 6-5 矿用有线程控调度通信系统的组成

矿用调度通信系统不需要煤矿井下供电，因此，系统抗灾变能力强。当井下发生瓦斯超限停电或故障停电时，不会影响系统正常工作。矿用有线程控调度通信系统的布置如图 6-6 所示，当发生顶板冒落、水灾、瓦斯爆炸等事故时，只要电话和电缆不被破坏，就可与地面保持通信联络。

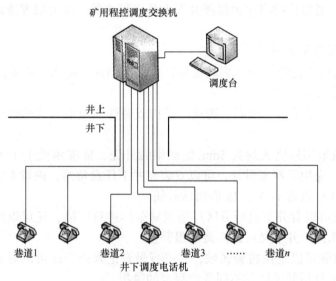

图 6-6 矿用有线程控调度通信系统的布置

矿用调度通信系统的缺点是需要敷设大量从井上至井下的电缆，不能做到覆盖全矿井，需要有人接听方能通话，不能进行广播。

特别需要指出的是，矿用 IP 电话通信系统和矿井移动通信系统等均不得替代矿用调度通信系统。

二、矿用广播通信系统

1. 系统组成

矿用广播通信系统在矿井有着广泛的应用，如紧急预警、救灾应急、指挥抢险、现场管理等。录音设备及广播控制设备设置在地面，防爆广播设备和防爆显示屏设置在井下。由于防爆广播设备和防爆显示屏的功率较大，因此需井下供电。当井下发生瓦斯超限停电或故障停电等时，会影响系统正常工作，因此防爆广播设备和防爆显示屏应配有不少于2h的备用电源。

行人巷道、采掘工作面等作业场所应设置广播扩音设备。当煤矿井下发生瓦斯超限、瓦斯爆炸、瓦斯突出、透水、火灾、顶板冒落等事故时，调度室可通过矿井广播通信系统，将事故类别、事故地点、逃生和撤离路线等及时通知井下作业人员。

地面录音设备及广播控制设备具有广播、录音、控制等功能，一般由矿用程控调度交换机和调度台承担。防爆广播设备将电信号转换为大功率声音信号，及时广播事故地点、类别、逃生路线等。防爆显示屏用于显示事故地点、类别、逃生路线等信息。

2. 系统的作用与特点

（1）矿用广播通信系统的作用

1）在日常的生产指挥作业中，可以实现音乐广播，下达通知、指令，以及在井下嘈杂的环境中找人。

2）在突发险情的第一时间，井上调度人员能够利用该系统及时地与井下双向对讲，了解井下状况，并通过广播有序地指挥井下人员进行疏散，最大限度地减少人员伤亡和财产损失。

（2）矿用广播通信系统的主要特点

1）系统结构可以任意拓扑、多级延伸，可以根据井下的布局需要进行设备安装，实现井下广播通信全覆盖。

2）铠装阻燃电缆抗砸、抗震、防火，是构成高性能通信系统的必要条件，通信线路可靠性程度高。

3）设备一般采用厚度大约为5mm的碳钢做外壳，能够承受上千千克的砸压；具有良好的防水性能；采用了本安设计，可以安装在井下任意角落；内置本安可充电电池，保证即使在停电后还可以有不少于2h的通话时间。

4）调度不仅可以对井下进行分区广播或对全体进行广播，还可以实现双向通话，即调度既可以广播指挥，井下又可以向调度报警。

5）地面调度除可以定位报警区域，并进行录音记录外，还可以对不同区域播放不同的警报声音，以区分不同区域和不同危险程度的警报。

6）采用网络环网冗余设计，确保系统通信的可靠性。

7）支持任意的拓扑结构，当工作面等发生变迁时，网络重组方便快捷，能够很方便地进行局部广播设备的安装。

数字程控调度通信系统认识

数字程控调度通信系统作为"六大系统"中通信联络系统的重要组成部分，承担着煤矿安全生产、抢险救灾的通信联络工作。

一、系统的主要功能及技术参数

数字程控调度通信系统采用数字交换网、计算机两级分散控制方式，将调度指挥、计算机指挥、计算机网络和办公自动化融为一体，适用于各类工矿企事业单位的指挥、调度通信系统。数字程控调度通信系统结构如图 6-7 所示。数字程控调度系统稳定，目前已经在全国各主要矿区使用。

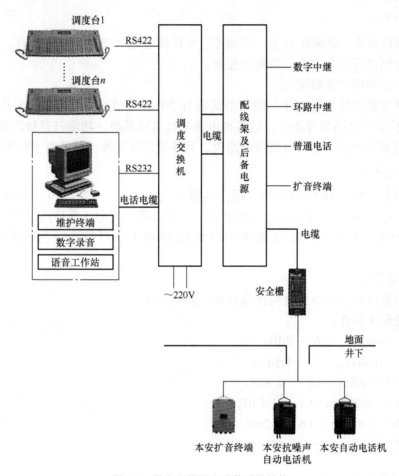

图 6-7　数字程控调度通信系统结构

1. 系统的功能

1）可实现单键直呼用户、转接、强插、强拆、会议、保留和组呼等调度功能。

2）可组织多达 48 方参加的大型会议。

3）可设置多个调度台，调度台上还可以中文显示来电用户号码和单位名称，设置系统局数据等。

4）设置触摸屏，调度台可实现计算机调度。

5）提供数字中继（2B+D，30B+D）、载波中继、E/M 中继、环路中继等多种接口，可组成全数字与数/模混合的多级专用网或多级调度网，实现等位拨号。

6）组成多级专用网或多级调度网时，可集中维护。

7）可接入多种用户终端，包括普通自动电话机、本安自动电话机、地面扩音装置等。

8）具有设置内部用户限制、多级权限、多级优先权功能，高级别用户可以强插低级别用户。

9）具有音乐保留及音乐证实功能，系统具有计算机话务员功能。

10）分机具有报号、报时功能。

2. 系统特点

1）多席位调度，每席位分主、副调度，各席位可同时操作，互不影响。

2）中继接口与信令完善，组网功能强。

3）适于多种用户终端接入。

4）全部电路板均为智能化，使用最新的 HCMOS 集成电路与交换机专用芯片，集成度高，元件种类与电路板种类少，且各种电路板槽道可互换，功能与容量配置非常便利。

5）系统易于维护，可带电拔插电路板，且各槽位可互换，系统板卡可不停机测试。

3. 主要技术参数

（1）容量　16 ～ 3000 门任选，用户数量可为 64、80、128、192、256、512、1024 和 2048 等，每板用户 16 个；中继线数量为 16 和 32 等，其中 2 线环路中继板每板 16 路，4 线 E、M 中继每板 4 路，PCM 数字中继每板 32 路（一号信令，内含 6 路 MFC 多频信号）。

（2）传输指标

1）分机至分机或中继至分机传输衰耗：2 ～ 7dB。

2）衰耗频率特性：

① 300 ～ 400Hz，0.6 ～ 2dB；

② 400 ～ 600Hz，0.6 ～ 1.5dB；

③ 600 ～ 2400Hz，0.6 ～ 0.7dB；

④ 2400 ～ 3000Hz，0.6 ～ 1.1dB；

⑤ 3000 ～ 3400Hz，0.6 ～ 32dB。

3）非线性失真：电平为 -45 ～ 3dB。

二、系统主要设备

1. 本质安全型自动电话机

1）防爆型式：矿用本质安全型，防爆标志为 Ex[ib]I。

2）拨号方式：P/T 兼容。

3）振铃响度：90dB。

4）最大通信距离：15km。

5）使用环境噪声：不大于 75dB。

6）调度机或交换机的安全性要求：必须符合矿用安全耦合器的非本安输入条件。

2. 矿用安全耦合器

1）防爆型式：矿用一般型兼本质安全型，防爆标志为 Ex[ib]I。

2）非本质安全侧：最高输入直流电压 60V，直流电流 60mA；最高输入铃流电压 90V，20 ~ 60Hz，铃流电流 100mA。

3）本质安全侧：最高开路直流电压 60V，最大直流短路电流 29mA；最高铃流开路电压 56V，最大铃流短路电流 34mA。

4）传输衰耗：安全耦合器对话音的传输衰耗小于 0.5dB。

 任务考核

"矿用调度通信系统与广播通信系统的认识"学习评价考核表见表6-2。

表6-2　"矿用调度通信系统与广播通信系统的认识"学习评价考核表

考核项目		考核标准	配分	自评	互评	教师评价
知识点	熟知矿用调度通信系统与广播通信系统作用及组成	完整说出得满分，每少说一条扣1分	15分			
	了解矿用调度通信系统与广播通信系统特点	完整说出得满分，每少说一条扣1分	15分			
	了解数字程控调度通信系统结构、功能和特点	完整说出得满分，每少说一条扣1分	15分			
	小计		45分			
技能点	能够查看系统说明书及相关资料分析系统特点、硬件连接及功能等	熟练完成及分析正确得满分；不熟练完成得1 ~ 29分；不会得0分	30分			
	小计		30分			
素质点	学习态度、学习习惯、发表意见情况、相互协作情况、参与度和结果	遵守纪律、态度端正、努力学习者得满分，否则得0 ~ 4分	5分			
		思维敏捷、学习热情高涨者得满分，否则得0 ~ 4分	5分			
		积极发表意见、有创新意见、意见采用者得满分，否则得0 ~ 4分	5分			
		相互协作、团结一致者得满分，否则得0 ~ 4分	5分			
		积极参与、结果正确者得满分，否则得0 ~ 4分	5分			
	小计		25分			
合计			100分			

注：技能考核为20min，每提前1min完成奖励1分，最多奖励5分。

任务三　矿用无线通信系统的认识

任务描述

矿用无线通信系统是有线调度通信系统的有机补充，是安全生产调度通信系统的一部分，保证井下通信联络在任何状态下的畅通，在发生险情与灾变时，可以及时通知井下人员撤离与应急逃生。本任务主要学习矿用无线通信系统的特点、应用要求等内容。通过了解新一代 5G 矿用无线通信系统，进一步加深对系统的认识。

相关知识

一、矿用无线通信系统特点

煤矿井下是一个特殊的工作环境，因此，矿用无线通信系统不同于一般地面无线通信系统，它具有如下特点：

（1）本质安全型电气设备　煤矿井下具有瓦斯等可燃性气体和煤尘，因此，要求无线通信设备为本质安全型设备。

（2）传输衰减大　煤矿井下空间狭小，巷道倾斜，有拐弯和分支，巷道表面粗糙且有阻挡体，传输衰减大。

（3）发射功率小　本质安全型防爆电气设备的发射功率一般为 10～40mW。

（4）抗干扰能力强　井下空间窄小，机电设备相对集中、功率大，电磁干扰严重，故设备应具有较强的抗干扰能力。

（5）防护性能好　应具有防尘、防水、防潮、防腐、耐机械冲击等性能。

（6）抗故障能力强　煤矿井下环境恶劣，设备故障率高，人为破坏事件时有发生，因此，矿用无线通信系统应具有较强的抗故障能力，当系统中某些设备发生故障时，其余非故障设备仍能继续工作。

（7）信道容量大　煤矿井下是一个移动的工作环境，现有的有线调度电话受到局限。无线通信在生产调度，特别是抢险救灾中起到主要作用，故需具有较大的信道容量。

（8）移动速度慢　矿用无线通信系统中手持机的移动速度较慢。

二、矿用无线通信系统应用要求

1）矿用无线通信系统是当前有线调度通信系统的有机补充，是安全生产调度通信系统的一部分，其主要目的是加强对井下工作人员的管理。因此，无线通信系统要与原有有线调度通信系统、井下作业人员管理系统等进行有机、无缝结合。

2）矿用无线通信系统作为调度通信系统的一部分，要保证与有线调度通信系统的统一性。

任务实施

KT 660（5G）矿用无线通信系统认识

KT 660（5G）矿用无线通信系统是以 5G+WiFi6 为核心技术研发的新一代矿用无线通信系统，不仅具有传统有线通信系统的全部通信、调度功能，而且能与无线终端设备进行通信、调度，集成了话务、调度和定位等多种附加功能和增值业务，具有更高带宽速率、低延时、部署快捷、升级扩容方便、兼容性强和终端应用成熟等特点。

一、系统组成

KT 660（5G）矿用无线通信系统主要由 5GC 核心网、IMS、UPF、PTN、地面核心网交换机、基带处理单元 BBU、矿用隔爆型远端汇聚站 RHUB、矿用兼隔爆型无线基站（PRRU）、矿用本安型无线信号转换器（CPE）、矿用本安型手机（5G+WiFi 手机）和地面无线通信基站（5G+WiFi 基站）组成，并可通过地面核心网云平台与运营商网络连接，实现矿山专网与运营商宏网之间的互联互通。KT 660（5G）矿用无线通信系统架构图如图 6-8 所示。

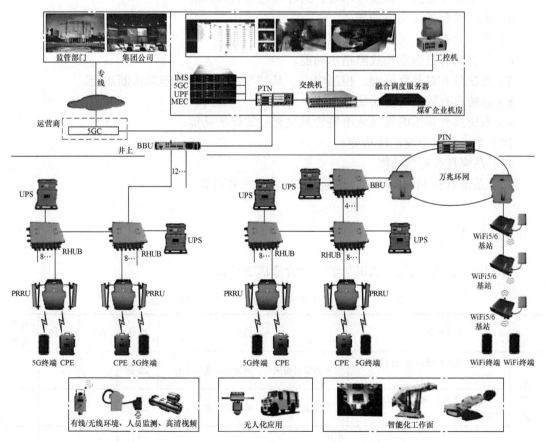

图 6-8　KT 660（5G）矿用无线通信系统架构图

二、系统特点

（1）更高速率　5G 无线网络上行速率峰值可达 300Mbit/s，下行速率可达 1.6Gbit/s，上下行速率占比可调整；WiFi6 无线网络传输速率最高可达 1.2Gbit/s。

（2）更低延时　无线网络时延 <10ms。

（3）组网灵活　自主创新组网算法，支持多种组网方式，可结合矿井实际情况，选择相应组网类型，受环境影响小。

（4）安装、维护容易　井下无线通信设备体积小、重量轻，不用安装工具即接即用，设备高度集成化，更换容易。

（5）高融合度　系统接口丰富，可与安全监控、语音广播、车辆管理、应急救援、瓦斯巡更等无缝连接，实现多系统智能化管理。

三、系统主要功能

1）系统具有转换器与基站、基站与手机、手机与平台、手机与手机、手机与调度台、5G 与 SIP 互联互通功能。

2）系统具有分布管理功能，以提高系统抗故障能力和应用范围。

3）系统具有强拆、强插、单呼、组呼等通信管理功能。

4）系统具有越区切换功能。

5）系统具有非法用户禁用功能。

6）系统具有自诊断和故障指示功能。

7）系统具有对调度终端、控制中心、基站等进行定时或连续诊断功能。

8）系统具有数据传输功能。

9）系统具有备用电池过放电警告及过充过放保护功能。

10）系统具有中继汇接功能。

11）系统具有短信功能。

12）系统具有 VoNR 功能，可通过 5G 进行视频语音。

 任务考核

"矿用无线通信系统的认识"学习评价考核表见表 6-3。

表 6-3　"矿用无线通信系统的认识"学习评价考核表

	考核项目	考核标准	配分	自评	互评	教师评价
知识点	熟知矿用无线通信系统的组成与特点	完整说出得满分，每少说一条扣 1 分	20 分			
	了解矿用无线通信系统的应用要求	完整说出得满分，每少说一条扣 1 分	20 分			
	小计		40 分			

（续）

	考核项目	考核标准	配分	自评	互评	教师评价
技能点	能够查看系统说明书及相关资料，分析5G无线通信系统组成、特点及功能等	熟练完成及分析正确得满分；不熟练完成得1～34分；不会得0分	35分			
	小计		35分			
素质点	学习态度、学习习惯、发表意见情况、相互协作情况、参与度和结果	遵守纪律、态度端正、努力学习者得满分，否则得0～4分	5分			
		思维敏捷、学习热情高涨者得满分，否则得0～4分	5分			
		积极发表意见、有创新意见、意见采用者得满分，否则得0～4分	5分			
		相互协作、团结一致者得满分，否则得0～4分	5分			
		积极参与、结果正确者得满分，否则得0～4分	5分			
	小计		25分			
合计			100分			

注：技能考核为20min，每提前1min完成奖励1分，最多奖励5分。

任务四　多网应急联动系统的认识

任务描述

《国家煤矿安监局关于印发〈煤矿安全监控系统升级改造技术方案〉的通知》（煤安监函〔2016〕5号）中指出，煤矿安全监控系统应在瓦斯超限、断电等需立即撤人的紧急情况下，自动与应急广播、通信、人员定位等系统实现应急联动。本任务主要学习煤矿安全监测监控系统、人员定位系统及通信联络系统组成的三网联动系统的特点、组成框架及主要技术等内容，进一步加深对多网应急联动系统的认识。

相关知识

近年来，煤矿安全监控多系统融合成为一种趋势，为实现安全监控多元融合和信息共享，提高煤矿安全预测预警水平，提出了一种煤矿安全监控多系统融合平台的设计方案，主要利用基于SIP协议的语音通信、基于TCP/UDP以及HTTP协议的数据交互和传输等技术，将人员定位系统、通信联络系统等融入安全监测监控系统，来实现井下多网、多系统的融合。

一、三网联动系统的组成

三网联动系统由煤矿安全监测监控系统、人员定位系统和通信联络系统组成，在瓦斯超限、断电等需要立即撤人的紧急情况下实现自动联动。

硬件设备包括安全监控主机、安全监控交换机、分站、电源、传感器、人员定位分站、人员定位读卡器、调度台、电源、矿用本安型防爆电话、防爆广播设备（扩音喇叭）和电缆等，三网联动系统架构图如图6-9所示。

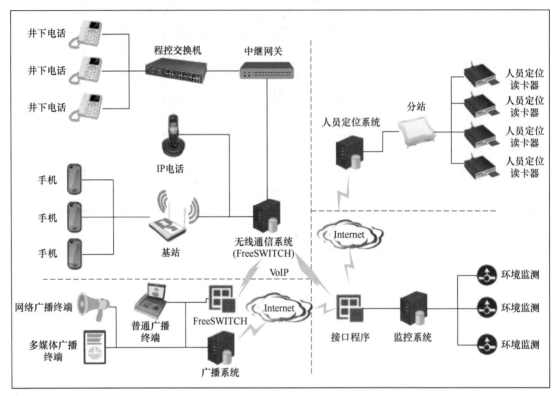

图6-9 三网联动系统架构图

（1）煤矿安全监测监控系统 通过系统获取到各项数据，写入监测监控系统服务器数据库，并通过接口程序获取人员定位系统、通信联络系统的基本数据，写入数据库保存，在数据异常需要报警时，给对应的系统中的对应设备发送联动指令报警。

其中数据的获取以及报警指令的发送都是通过TCP/IP协议进行，而报警内容如果是语音，需要发送给井下电话时，就必须通过SIP协议进行VoIP通话实现，此时以无线通信系统作为SIP服务器，各接入互联网中的软硬电话设备就能达到相互通信的目的。当报警语音需要发送给广播设备时，可以只发送文字信息，通过通信联络系统的文字转语音功能来进行广播语音报警。

（2）人员定位系统 井下各人员定位读卡器接入相应的分站，各分站再接入互联网，受控于人员定位系统。

（3）通信联络系统

1）无线通信系统。接入交换机的井下电话通过中继网关接入互联网，矿用手机通过基站接入互联网，它们和 IP 电话、网络虚拟电话一起通过无线通信系统达到互联互通的目的。

2）应急广播系统。井下不同类型广播终端通过网络连接在一起，受控于服务器上的广播系统。

二、三网联动系统的主要技术

1. VoIP

当前 Internet 的应用日益广泛，随着骨干网速率高速增长，接入网速率不断提高，Internet 上的业务正从窄带走向宽带，从非实时走向实时，VoIP（Voice over Internet Protocol）就是其中的一类重要业务。它可以简单理解为一种用 Internet 系统代替传统电话通信系统进行语音通话的技术，传统语音通话采用的是模拟信号技术，而 VoIP 采用的是数字传输技术，在网络上传输的是包含语音信息的数据包，可以进行低失真压缩。

2. SIP

SIP 是在 IP 网上进行多媒体通信的应用层控制协议，它是在 SMTP（简单邮件传输协议）和 HTTP（超文本传输协议）基础上建立起来的，用来建立、改变和终止基于 IP 网络的用户间的呼叫。为了提供电话业务，SIP 还需要结合不同的标准和协议，特别是需要确保传输（RTP），与当前电话网络的信令互连，能够确保语音质量（RSVP），能够提供目录（LADP），能够鉴权用户（Radius）等。以 Internet 协议（HTTP）为基础，遵循 Internet 的设计原则，基于对等工作模式。利用 SIP 可实现会话的连接、建立和释放，并支持单播、多播和可移动性。主流的 VoIP 通信产品都采用 SIP 作为传输语音数据包协议，它不但可以提供丰富灵活的 IP 电信业务，还可以跨网进行通信，具有良好的通话质量，因此融合平台中涉及与无线通信系统融合时，采用基于 SIP 的 VoIP 语音通信技术。

3. FreeSWITCH

FreeSWITCH 是一个开源的、跨平台的、伸缩性极好的多协议电话软交换平台。它最典型的应用是作为一个服务器，电话客户端软件（一般叫软电话）可以连接到它。虽然 FreeSWITCH 支持 IAX、H323、Skype 等众多的通信协议，但其最主要的协议还是 SIP。

三、三网联动的特点

1）通过对人员定位系统升级改造，建立多系统融合平台，将数据挖掘和信息融合技术应用于矿井安全监控数据分析研究中，对监测的大量相关信息进行滤波、变换、分析、处理，提取灾害特征信息，实现了灾害的趋势分析、超前预警。同时，三网联动系统具有多系统数据"一张图"融合展示功能，以煤矿通风系统图为基础，动态显示安全监控系统设备安装位置、人员定位及应急广播系统设备安装位置、设备状态等相关信息，并具备对分系统、设备类型、设备状态进行分层显示功能。

2）当矿井安全监控系统监测到瓦斯异常时，需要人工启动语音广播和精确人员定位系统，通知井下相关工作人员撤离。通过矿井自动化网络的优化完善，完成了矿井安全监测监控系统、人员定位系统、语音广播系统的"三网融合"。

3）当监测异常或出现应急情况时，三网联动系统可以自动发出报警信号、播放报警语音，能够更加精准快速地提醒、警示井下作业人员疏散和撤离，最大程度避免安全事故的发生，提高安全作业系数，提高矿井安全系统的准确性、灵敏性、可靠性、稳定性和易维护性，为矿井安全生产筑起更加严密坚实的"防护墙"。

4）三网联动系统实现了"实时智能抓拍、警示提醒纠偏"；依托安全管理平台，实现了隐患问题实时推送、及时提醒；构建了集安全监测、精确人员定位、调度通信、应急广播为一体的三维综合监控平台，打造了"互联网＋安全"新模式。

 任务实施

矿山多系统联动操作与设置

任务实施结合全国煤炭行业职业技能大赛"矿山智能安全监测"进行（以下简称大赛），该大赛充分考虑安全监测监控系统融合改造、新技术（大数据分析）、新装备（具有物联网特性的新型智能装备）等相关内容，以矿山多系统融合为重点，考核参赛者对基础知识、系统实操与联动、故障排查等掌握程度。本任务实施主要针对系统实操与联动部分。

系统实操包含软件设置定义、设备连接、控制测试、标校、报警联动等一系列规定操作。三网联动系统图如图 6-10 所示。

系统实操与联动内容及要求如下：

1. 系统中心站各项运行参数的配置和测点定义

要求：按定义要求正确配置交换机模块参数，完成分站定义、甲烷传感器定义、开停传感器定义、断电器控制定义、馈电定义及各项闭锁控制设置等。

2. 传感器、分站的正确连接和设置

要求：按要求将传感器通过接线盒接入分站，正确设置传感器和分站地址，确保设备能够正常工作。

3. 馈电断电器与分站及断电测试装置的正确连接和设置

要求：按要求将馈电断电器接入分站和被控回路，按要求进行闭锁控制测试，要求手指口述，系统闭锁控制符合《煤矿安全监控系统通用技术要求》（AQ6201—2019），同时控制效果合理。

手指口述内容：报告裁判，现在开始闭锁测试：①风电闭锁测试：当主风机停止运转或风筒风量小于规定值时，切断供风区域的全部非本质安全型电气设备的电源并闭锁，当主风机或风筒恢复正常工作时，自动解锁；②甲烷电闭锁测试：当掘进工作面甲烷浓度达到或超过 1.5% 时，切断掘进巷道内所有非本质安全型电气设备的电源并闭锁，当掘进工作面甲烷浓度低于 1.0% 时，自动解锁。

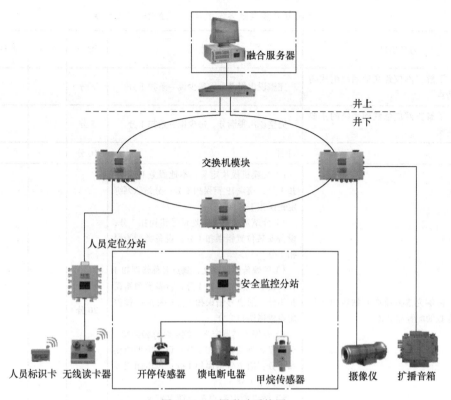

图 6-10　三网联动系统图

4. 人员定位系统与监测监控系统报警联动设置，演示报警时呼叫识别卡

要求：按要求将监测监控系统测点报警与人员定位系统进行关联，能够正常报警联动。

5. 应急广播系统与监测监控系统报警联动设置，演示报警时广播报警消息

要求：按要求将监测监控系统测点报警与应急广播系统进行关联，能够正常报警联动。

6. 图像监测点与监测监控系统报警联动设置，演示报警时报警点图像自动调出显示

要求：按要求将监测监控系统测点报警与视频监控系统进行关联，能够正常报警联动。

7. 在 GIS 系统上配置，显示井下人员定位、广播、视频信息

要求：按要求将人员定位信息、广播、视频配置展示到 GIS 系统。

8. 操作规范

要求：设备连接的接线工艺、防爆标准等操作规范。

任务考核

"多网应急联动系统的认识"学习评价考核表见表 6-4。

表 6-4 "多网应急联动系统的认识"学习评价考核表

	考核项目	考核标准	配分	自评	互评	教师评价
知识点	了解三网应急联动系统组成与特点	完整说出得满分，每少说一条扣1分	5分			
	了解三网应急联动系统的主要技术	完整说出得满分，每少说一条扣1分	5分			
	小计		10分			
技能点	能够完成系统中心站各项运行参数的配置和定义	1）交换机模块定义：本地服务IP错误扣1分；模块IP错误扣1分；分站队列绑定错误扣1分 2）分站定义：设备地址号错误扣1分；设备安装位置错误扣1分；设备类型错误扣1分 3）甲烷传感器定义：测点名称错误扣1分；设备性质错误扣1分；设备类型错误扣1分；通道号错误扣1分；瓦斯闭锁控制设置错误扣1分 4）开停传感器定义：测点名称错误扣1分；设备性质错误扣1分；设备类型错误扣1分；通道号错误扣1分；风电闭锁设置错误扣1分 5）馈电断电器控制及馈电定义：测点名称错误扣1分；设备性质错误扣1分；设备类型错误扣1分；通道号错误扣1分；风电闭锁设置错误扣1分	20分			
	能够正确连接和设置传感器和分站	1）分站设置：地址号错误扣1分；分站交直流状态不正常扣1分 2）甲烷传感器与分站连接：传感器地址号错误，每处扣1分；传感器（读卡器）通过三通接线盒接入分站指定端口，线序错误每处扣1分，端口错误扣1分 3）开停传感器连接：传感器地址号错误，每处扣1分；传感器通过三通接线盒接入分站指定端口，线序错误每处扣2分，端口错误扣1分	15分			
	能够正确连接和设置馈电断电器与分站及断电测试装置	1）馈电断电器与分站连接：馈电断电器地址号错误，每处扣1分；馈电断电器按指定端口接入分站，线序错误每处扣2分，端口错误每处扣1分 2）甲烷闭锁测试：测试不合格扣1分；手指口述错误或未口述扣1分 3）风电闭锁测试：测试不合格扣1分；手指口述错误或未口述扣1分	15分			

（续）

考核项目		考核标准	配分	自评	互评	教师评价
技能点	能够完成人员定位系统、应急广播系统、图像监测点与监测监控系统的报警联动设置	1）联动主控点设置错误扣1分 2）联动条件设置错误扣1分 3）联动报警点设置错误扣1分 4）不能演示实现联动扣1分	10分			
	能够在GIS系统上配置，显示井下人员定位、广播、视频信息	1）GIS系统不显示监控主控点信息扣1分 2）GIS系统不显示人员定位信息扣1分 3）GIS系统不显示广播信息扣1分 4）GIS系统不显示视频信息扣1分	5分			
		小计	65分			
素质点	学习态度、学习习惯、发表意见情况、相互协作情况、参与度和结果	遵守纪律、态度端正、努力学习者得满分；否则得0~4分	5分			
		思维敏捷、学习热情高涨者得满分；否则得0~4分	5分			
		积极发表意见、有创新意见、意见采用者得满分；否则得0~4分	5分			
		相互协作、团结一致者得满分；否则得0~4分	5分			
		积极参与、结果正确者得满分；否则得0~4分	5分			
		小计	25分			
		合计	100分			

注：1. 技能考核为30min，每提前1min完成奖励1分，最多奖励5分。

　　2. 安全文明规范操作，可增加奖励分5分。

附 录

井下安全监测工安全技术操作规程

一、适用范围

第 1 条　本操作规程适用于煤矿井下安全监测工。

第 2 条　井下安全监测工负责管辖范围内的矿井通风安全监测装置的安装、调试、维修、校正工作。

第 3 条　安全监测工应将在籍的装置逐台建账，并认真填写设备及仪表台帐、传感器使用管理卡片、故障登记表、检修校正记录等各种记录。

二、上岗条件

第 4 条　安全监测工必须经过专业技术培训，取得安全技术工作操作资格证后，持证上岗。

第 5 条　安全监测工需要掌握以下知识：

1. 熟悉入井人员的有关规定。

2. 熟悉矿井通风安全监测系统、装置的工作原理。

3. 掌握《煤矿安全规程》对矿井通风安全监测系统、装置的有关规定。

4. 熟悉矿井通风安全监测系统、装置的安装要求。

5. 了解矿井通风安全监测系统、装置的主要性能指标。

6. 熟悉《煤矿安全规程》中对矿井气体指标的规定和超标时的处理办法。

7. 了解有关煤矿瓦斯、煤尘爆炸的知识。

8. 熟悉瓦斯检测仪的性能、参数及使用方法。

三、安全规定

第 6 条　绘制安全监控系统布置图和接线图，必须标注：监控设备的种类、数量、位置、信号电缆和电源电缆的敷设、控制区域等内容。

第 7 条　煤矿安全监控设备之间必须使用专用阻燃电缆或光缆连接，严禁与调度电话电缆或动力电缆等共用一条线路；防爆型煤矿安全监控设备的输入、输出信号必须为本质安全型信号。

第 8 条　安全监控设备必须具有故障闭锁功能：当与闭锁控制有关的设备未投入正常运行或故障时，必须切断该监控设备所监控区域的全部非本质型电气设备的电源并闭锁；当与闭锁控制有关的设备工作正常并稳定运行后，能够自动解锁。

第 9 条　每天对监控设备及电缆运行安全检查，对各类传感器的准确性要用光干涉瓦斯检定器进行核实、比较，发现问题及时处理、汇报。安全监控设备必须定期进行调试、校正，每月至少 1 次。甲烷传感器、便携式甲烷检测报警仪等采用载体催化元件的甲烷检测设备，每 15 天必须使用校准气样和空气样调校 1 次。

四、操作准备

上机前的准备工作：

第 10 条　必须严格执行交接班制度和填报签名制度，交接班内容包括：

1. 设备运行情况和故障处理结果。

2. 井下传感器工作状况、断电地点和次数。

3. 瓦斯变化异常区的详细记录。

4. 计算机数据库资料。

第 11 条　地面检修前的准备工作：

1. 备齐必要的工具、仪器、仪表，并备有设备说明书和图纸。

2. 按规定准备好检修时所需要的各种电源、连接线，将仪表通电预热，并调整好测量类型和量程。

第 12 条　井下安装前的准备工作：

1. 根据要求确定安装位置和电缆长度。

2. 设备各部件应齐全、完整。电缆应无破口，相间绝缘及电缆导通应良好，并备足安装用的材料。

3. 瓦斯校准气样应采用计量标定的标准气体。

4. 通电试验下井设备，调试确定各功能指标符合要求，运行正常后准备入井使用。

五、操作顺序

第 13 条　本工种操作应遵照下列顺序进行：交接班→检查→地面检修→井下检修（安装）→验收→交接班。

六、正常操作

（一）机房操作

第 14 条　接班后，首先和监测维修人员取得联系，接受有关指示，做好交接班的注意事项，并填写交接班记录。

第 15 条　对井下瓦斯变化较大的地区，要详细跟踪监视，并向调度室和通防室汇报。

第 16 条　应每班检查瓦斯传感器、风机开停、馈电等测点的情况。

第 17 条　值班员必须对当日获得的信息进行分析处理，写出主要情况、问题及处理意见的书面报告（日报），送有关部门、矿总工程师签阅，并向矿通风管理部门汇报。

第 18 条　与井下监测工协调配合进行传感器校正。

第 19 条　进入机房要穿洁净的工作服、拖鞋，不得将有磁性和带电的材料、绒线及有灰尘的物品带进机房。

第 20 条　要经常用干燥的布擦拭设备外壳，每班用吸尘器清扫室内。

（二）地面检修步骤

第 21 条　防爆检查的步骤是：

1. 检查设备的防爆情况。

2. 检查防爆壳内外有无锈皮脱落、油漆脱落及锈蚀严重现象，要求应无此类现象。

3. 清除设备内腔的粉尘和杂物。

4. 检查接线腔内和内部电器元件及连接线，要求应完好安全，各连接插件接触良好，各紧固件应齐全、完整、可靠，同一部位的螺母、螺栓规格应一致。

5. 检查设备绝缘程度。水平放置绝缘电阻表，表线一端接外壳金属裸露处，另一端接机内接线柱，均匀摇动表柄，若读数为无限大（∞），表明绝缘合格。

6. 接通电源，对照电路原理图测量电路中各点的电位，判断故障点，排除故障。

第 22 条　通电测试各项性能指标的内容包括：

1. 新开箱或检测完毕的设备要通电烤机，经 48h 通电后分三个阶段进行调试：

粗调：对设备的主要性能做大致的调整和观察。

细调：对设备的各项技术指标进行调试、观察和测试。

检查：严格按照设备出厂的各项技术指标进行检验，发现问题时按本工种的方法处理，通电要从问题处理完后重新开始计算时间。

2. 烤机完毕，拆除电源等外接连线，盖上机盖，做好记录，入库作为备用。

（三）地面传输电缆敷设与检查

第 23 条　登高 2m 以上要扎好安全带，戴好安全帽，并有专人监护，安全带必须拴在确保人身安全的地方。

第 24 条　使用梯子时，梯子与地面之间角度以 60° 为宜，在水泥地面上用梯子要有防滑措施，梯脚挖坑或拴牢，并设专人扶梯子，人字梯挂钩必须挂牢。

第 25 条　2 人同杆、同点工作时，先登者必须等另一人选好工作位置后，方准开始工作，同时要注意协调。

第 26 条　高空使用的工具、材料必须装在工具袋内吊送，不准抛扔，杆下不准站人。

第 27 条　架设的传输电缆，如与原有高压线交叉或邻近，必须先将原有高压线停电，并验电、放电、接地、短路，为防止中途送电，必须挂临时接地线后，方可进行架线作业。

第 28 条　雷雨大风等恶劣天气时，不得从事高空架线作业。

（四）井下安装

第 29 条　设备搬运或安装时要轻拿轻放，防止剧烈振动和冲击。

第 30 条　井下设备之间应使用专用不易燃电缆连接。

第 31 条　敷设的电缆要与动力电缆保持 0.3m 以上的距离。固定电缆用吊钩悬挂，非固定电缆用胶带或其他柔性材料悬挂，悬挂点的间距为 3m。

第 32 条　敷设电缆时要有适当的弛度，要求能在外力压挂时自由坠落。电缆悬挂高度应大于矿车和运输机的高度，并位于人行道一侧。

第 33 条　电缆之间、电缆与其他设备连接处必须使用与电气性能相符的接线盒。

第 34 条　电缆进线嘴连接要牢固、密封要良好，密封圈直径和厚度要合适，电缆与密封圈之间不得包扎其他物品。电缆护套应深入器壁内 5 ～ 15mm。线嘴压线板对电缆的压缩量不超过电缆外径的 10%。接线应整齐、无毛刺，芯线裸露外距长爪或平垫圈不大于 5mm，腔内连线松紧适当。

第 35 条　井下主机或分站应设在便于人员观察、调试、检验及支护良好、无滴水、无杂物的进风巷道或硐室中，安设时应加垫支护，使其距巷道底板不小于 300mm 或吊挂在巷道中。

第 36 条　瓦斯传感器应垂直悬挂，距顶板（顶梁）不得大于 300mm，距巷道侧壁不小于 200mm。风速、压差、温度、一氧化碳传感器应垂直悬挂在能正确反应测值的地点。

第 37 条　安装完毕，在详细检查所用接线、确认合格无误后，方可送电。井下分站预热 15min 后进行调整，一切正常后，接入报警和断电控制并检验其可靠性，然后与井上联机并检验跟踪精度。

（五）井下维护

第 38 条　安全监控设备必须定期进行调试和校正，每月至少 1 次。瓦斯传感器每隔 15d 必须使用标准气样和空气样按产品使用说明书的要求调校 1 次，每隔 15d 必须对瓦斯传感器超限断电功能进行测试。

第 39 条　传感器用标准气样调校时应在地面进行，在给传感器送气前，应先观察设备的运行情况，检查设备的基本工作条件，应反复校正报警点和断电点。

第 40 条　送气前要进行跟踪校正，应在与井上取得联系后，用偏调法在测量量程内从小到大、从大到小反复偏调：

1. 首先应检查设备电源是否有电。

2. 可用替换电路板的方法，逐步查找故障。

3. 应一人工作、一人监护，反复偏调几次，尽量减小跟踪误差。

第 41 条　首先用空气气样对设备校零，再通入标准气样校正精度，锁好各电器位。给传感器送气时，要用气体流量计控制气流速度，保证送气平稳。

第 42 条　定期更换传感器里的防尘装置，清扫气室内的污物。当载体催化元件活性下降时，如调正精度电位器，其测量指示值仍低于实际的甲烷浓度值，传感器要上井检修。

第 43 条　装置在井下连续运行 6 ～ 12 个月，须将井下部分全部运到井上进行全面检修。

第 44 条　排除故障时应注意以下问题：严禁带电作业，并认真填写故障处理记录表。

（六）井下传输电缆敷设与检查时的注意事项

第 45 条　在大巷敷设或检查井下传输电缆时，如果有车辆行驶，敷设或检查人员要躲到躲避硐中，严禁行车时敷设或检查传输电缆。

第 46 条　在有架空线的大巷中敷设传输电缆时，要确保传输电缆与架空线有 300 ～ 500mm 的距离，横跨架空线时必须停掉架空线的电后，方准进行工作，严禁带电作业。

第 47 条　在暗斜井架设或检查传输电缆时，要和管辖单位联系好，并要慢慢下行敷设或检查，并时刻留意脚下台阶，以防地滑摔人。

第 48 条　在轨道上山（或下山）敷设或检查传输电缆时，首先要和下车场把钩工、上车场司机联系好，明确不准提车或松车后，方准进入轨道上山（或下山）敷设或检查传输电缆，严禁行车时工作。

第 49 条　敷设传输电缆时要注意以下事项：

1. 将所携带盘好的电缆放在一个固定地点，慢慢放出，并设专人看管。

2. 敷设人员要听从统一指挥，严禁各行其是，传输电缆通过巷道顶底板危险区段时，要首先观察顶底板有无危险，无危险方准操作，否则暂停敷设等处理好后再敷设。

3. 巷道中敷设传输电缆时，要指派一人在前面对所要敷设传输电缆放入电缆钩中，以免敷设后和其他通信线不能形成统一。

4. 敷设电缆时要有适当的张弛度，要求能在外力压挂时自由坠落。电缆悬挂高度应大于矿车和运输机的高度，并位于人行道一侧。

第 50 条　电缆之间、电缆与其他设备连接处，必须使用与电气性能相符的接线盒。电缆不得与水管或其他导体接触。

第 51 条　吊挂完毕后，方可与原有的电缆进行连接。

第 52 条　电缆进线嘴连接要牢固、密封要良好，密封圈直径和厚度要合适，电缆与密封圈之间不得包扎其他物品。电缆护套应伸入器壁内 5～15mm。线嘴压线板对电缆的压缩量不超过电缆外径的 10%。接线应整齐、无毛刺，芯线裸露处距长爪或平垫圈不大于 5mm，腔内连线松紧适当，符合机电设备安装连线要求。

第 53 条　安装分站时，严禁带电作业，严禁带电搬迁或移动电器设备及电缆，并严格执行谁停电谁送电制度。

第 54 条　调试操作人员必须经培训考试合格取得安全检测工操作资格证书后，方可持证上岗。

第 55 条　所停电的高压开关必须派专人看管，并挂上"有人工作，严禁送电"的标示牌。

第 56 条　停电范围影响到其他单位的，要取得联系，做好协调协作工作。

第 57 条　处理分站高压侧进线，严禁一人单独作业。

第 58 条　安装断电控制系统时，必须根据断电范围要求，接通井下电源及控制线。

第 59 条　安全监控设备的供电电源必须取自被控制开关的电源侧，严禁接在被控开关的负荷侧。

第 60 条　传感器在安装或拆除时，高处必须用梯子或木马，扶牢后，再上人安装或拆除。具体安装位置：距顶不大于 300mm，距帮不小于 200mm。若巷道中有带式输送机或刮板输送机时，必须和所辖单位的主要负责人联系安装时间，安装时必须和带式输送机或刮板输送机司机联系好，停止运输机运转，不安装完毕不准开机。严禁在输送机运转中安装传感器。

第 61 条　传感器的安设位置要符合《煤矿安全规程》规定。安装完毕，详细检查所用接线、确认合格无误后，方可送电。井下分站预热 15min 后进行调整，一切功能正常后，接入报警和断电控制并检验其可靠性，然后与井上联机并检验调整跟踪精度。

第 62 条 甲烷传感器报警浓度、断电浓度、复电浓度和断电范围必须符合《煤矿安全规程》规定。

第 63 条 拆除或改变与安全监控设备关联的电气设备的电源线及控制线、检修与安全监控设备关联的电器设备、停止运行安全监控设备时，须报告矿技术负责人及调度室，并制定安全措施后方可进行。

七、特殊操作

第 64 条 排除故障时应注意以下问题：

1. 应首先检查设备电源是否有电。

2. 可用替换电路板的方法，逐步查找故障，替换电路板时，要切断电源。

3. 应 1 人工作，1 人监护。严禁带电作业。并认真填写故障处理记录表。

第 65 条 瓦斯断电仪投入正常使用后，严禁随意进行试验。若需试验必须提前申请，经矿井技术负责人批准后，方准进行试验。

第 66 条 断电试验完毕后，要等所断电范围内电源全部恢复正常时，试验人员方准离开现场。

第 67 条 传感器和分站出现故障，处理不了的要及时更换。

八、收尾工作

第 68 条 安装好后，严格按照质量标准、防爆标准进行检查，确定无误后方准收工。

第 69 条 做好记录，向值班人员汇报工作进展情况。

第 70 条 做好交接班的有关事项。

参 考 文 献

[1] 孙继平 . 煤矿井下安全避险 "六大系统" 建设指南 [M]. 北京：煤炭工业出版社，2012.
[2] 宁尚根 . 煤矿井下安全避险 "六大系统" 培训教材 [M]. 北京：煤炭工业出版社，2012.
[3] 陈海光，李金龙，姚向荣 . 矿井安全监控系统安装与维护 [M]. 北京：煤炭工业出版社，2013.
[4] 张宏 . 煤矿安全监测与监控技术 [M]. 徐州：中国矿业大学出版社，2013.
[5] 曾海峰，汤克钧 . 自救器的使用与管理 [M]. 北京：煤炭工业出版社，2007.
[6] 中华人民共和国应急管理部，国家矿山安全监察局 . 煤矿安全规程：2022[M]. 北京：应急管理出版
    社，2022.